BEI GRIN MACHT SICH IHR WISSEN BEZAHLT

AF137215

- Wir veröffentlichen Ihre Hausarbeit, Bachelor- und Masterarbeit

- Ihr eigenes eBook und Buch - weltweit in allen wichtigen Shops

- Verdienen Sie an jedem Verkauf

Jetzt bei www.GRIN.com hochladen und kostenlos publizieren

Bibliografische Information der Deutschen Nationalbibliothek:

Die Deutsche Bibliothek verzeichnet diese Publikation in der Deutschen National-
bibliografie; detaillierte bibliografische Daten sind im Internet über http://dnb.d-
nb.de/ abrufbar.

Impressum:

Copyright © 2017 GRIN Verlag
Druck und Bindung: Books on Demand GmbH, Norderstedt Germany
ISBN: 9783346157195

Dieses Buch bei GRIN:

https://www.grin.com/document/540450

Anna Kunz

Vergleich von generalisierten linearen Modellen und generalisierten additiven Modellen anhand einer Schadenfrequenzanalyse in der Kraftfahrzeugversicherung

GRIN Verlag

GRIN - Your knowledge has value

Der GRIN Verlag publiziert seit 1998 wissenschaftliche Arbeiten von Studenten, Hochschullehrern und anderen Akademikern als eBook und gedrucktes Buch. Die Verlagswebsite www.grin.com ist die ideale Plattform zur Veröffentlichung von Hausarbeiten, Abschlussarbeiten, wissenschaftlichen Aufsätzen, Dissertationen und Fachbüchern.

Bachelorarbeit

B.Sc.-Studiengang „Betriebswirtschaftslehre"

Universität Hamburg
Fakultät für Betriebswirtschaft
Lehrstuhl für Mathematik und Statistik in den Wirtschaftswissenschaften

Vergleich von GLM's und GAM's anhand einer Schadenfrequenzanalyse in der Kraftfahrzeugversicherung

eingereicht von:

Anna Kunz

Abgabedatum, Ort:

Hamburg, den 17. März 2017

Inhaltsverzeichnis

Abbildungsverzeichnis

Tabellenverzeichnis

Abkürzungsverzeichnis

Abkürzung	Bedeutung
GLM's	Generalisierte lineare Modelle
GAM's	Generalisierte additive Modelle
KQ-Methode	Methode der kleinsten Quadrate
vgl.	vergleiche
GLM	Generalisiertes lineares Modell
EDF	Exponential-Dispersions-Familie
ML-Methode	Maximum-Likelihood-Methode
df	(Residual) Degrees of freedom
NB-Verteilung	Negative Binomialverteilung
GAM	Generalisiertes additives Modell
u.i.v.	unabhängig und identisch verteilt
NKS	Natürlicher kubischer Spline
B-Splines	Basic-Splines
NKS	Natürlicher kubischer Spline
MSE	Mittlerer quadratischer Fehler (Mean Squared Error)
PSE	Vorhergesagter quadratischer Fehler (Predicted Squared Error)
CV-Kriterium	Kreuzvalidierungskriterium (Cross Validation criteria)
CV	Kreuzvalidierung
GCV	Generalisierte Kreuzvalidierung (Generalized Cross Validation)
AIC	Akaike-Informationskriterium
UBRE	Unbiased Risk Estimator
REML	Restricted Maximum Likelihood
QQ-Plot	Quantile-Quantile-Plot
NB-Modell	Negativ-Binomial-Modell
ANOVA	Analysis of Variance

Symbolverzeichnis

Symbol	Bedeutung
$x_1, \ldots, x_k$	Regressoren x_1 bis x_k
y_i	Zielvariable für die Beobachtung x_i
β_0	Intercept
β_1	Regressionskoeffizient Beta für den Regressor x_1
x_i	Regressor der i-ten Beobachtung
$E[y_i]$	Erwartungswert der Zielvariable für die Beobachtung x_i
$\hat{\beta}_0$	Geschätzter Intercept
$\hat{\beta}_1$	Geschätzter Regressionskoeffizient Beta für den Regressor x_1
ε_i	Störterm an der Stelle x_i
n	Anzahl der Beobachtungen für x
$E[\varepsilon_i]$	Erwartungswert des Störterms an der Stelle x_i
$Var[\varepsilon_i]$	Varianz des Störterms an der Stelle x_i
$N(0, \sigma^2)$	Standard-Normalverteilung
σ^2	Varianz
$\hat{\beta}_k$	Geschätzter Regressionskoeffizient Beta für den Regressor x_k
p	Anzahl der unbekannten Parameter
R^2	Bestimmtheitsmaß
f	Dichte-/ Wahrscheinlichkeitsfunktion aus der Exponentialfamilie
θ	Unbekannter, kanonischer Parameter
φ	Dispersionsparameter
$b(\cdot), c(\cdot)$	Zweimal-differenzierbare, verteilungsspezifische Funktionen
w	Konstante (Gewicht/ Exposure)
μ	Erwartungswert für y
$b'(\theta)$	Kanonischer Erwartungswert für y
$\frac{\varphi}{\varphi} b''(\theta)$	KanonischeVarianz
η_i	Linearer Prädiktor
h	Bekannte und differenzierbare Responsefunktion
g	Inverse von h, auch bekannt als Linkfunktion
k	Anzahl der Regressoren und Regressionskoeffizienten
$\tilde{\theta}$	Schätzung der kanonischen Parameter in Abhängigkeit von y
$\hat{\theta}$	Schätzung der kanonischen Parameter in Abhängigkeit von $\hat{\mu}$
$L(\theta, \varphi; y)$	Likelihoodfunktion
$l(\theta; \varphi, y)$	Log-Likelihoodfunktion
$\hat{\mu}_i$	Geschätzter Erwartungswert für y_i
$D(y; \mu)$	Devianz
$D^*(y; \mu)$	skalierte Devianz
χ^2_{n-p}	Chi-Quadrat-Verteilung mit $n - p$ Freiheitsgraden
d_i	Devianzen der individuellen Beobachtungen für alle x_i
r_i^D	Devianz-Residuen für alle x_i
$sign(\cdot)$	Vorzeichenfunktion/ Signumfunktion
$Var[y_i]$	Varianz der Zielvariablen an der Stelle x_i
$P(\mu)$	Poisson-verteilte Zielvariable
λ	Reeller Parameter der Poison-Verteilung, der gleichzeitig den Erwartungswert und die Varianz darstellt
$NB(y; \mu, \upsilon)$	Negative Binomialverteilung
u_i	Zusätzlicher Störterm bei einer NB-verteilten Zielvariablen

1 Einleitung

In den meisten Ländern benötigt jeder, der ein Fahrzeug im Straßenverkehr führt, eine Kraftfahrzeugversicherung. Jeder Kraftfahrzeugversicherer verfolgt das Ziel, den größtmöglichen Profit zu erwirtschaften. Um dies zu bewerkstelligen, muss die Höhe der von den Versicherten zu zahlenden Prämie genauestens bestimmt werden. Deshalb werden Tarifzellen gebildet, um eine individuelle Risikoeinstufung der Versicherungsnehmer monetär zu bewerten und ihnen dann eine auf sie zugeschnittene Prämienhöhe zu berechnen. Nach Kruse (1997), S.17ff. wird das Risiko für ein Individuum oder ein Kollektiv in einer Zeitperiode durch eine Schadenbedarfsanalyse ermittelt, welche sich in der Praxis meist indirekt, über die separate Berechnung der Schadenfrequenz und der Schadenhöhe und der anschließenden multiplikativen Zusammenführung beider Größen bestimmen lässt.

Da die Betrachtung beider Größen den Rahmen dieser Arbeit übersteigen würde, wird im Folgenden lediglich die Schadenfrequenz betrachtet. Die Schadenfrequenz errechnet sich aus der Anzahl der Schadensansprüche aus Versicherungsverträgen und ist abhängig von bestimmten Risikofaktoren, die das Auftreten von Schadensansprüchen begründen.

Aktuare haben im Laufe der Zeit verschiedene statistische Modelle vorgeschlagen, um die Risiken zur Bestimmung der Schadenfrequenz zu bewerten. Der ursprüngliche Ansatz für die Bewertung des Einflusses der erklärenden Variablen (der Risikofaktoren) auf die Zielvariable (die Schadenfrequenz) ist das lineare Regressionsmodell. Probleme des linearen Modells entstehen aus der Annahme, dass die Residuen unkorreliert, varianzhomogen und normalverteilt sind und daher keine geeignete Modellierung von Zähldaten, Frequenzen, binären oder schiefen Daten zulassen. In diesem Zusammenhang wurde die lineare Regression, die zuvor primär zur Bewertung des Einflusses der erklärenden Variablen verwendet wurde, durch die von Nelder und Wedderburn im Jahr 1972 eingeführten generalisierten linearen Modelle (GLM's) ersetzt. Indem Nelder und Wedderburn das lineare Modell auf die Exponentialfamilie erweiterten, zeigten sie, dass die GLM's eine Abweichung von der Normalitätsannahme erlaubten.

Ist der funktionale Zusammenhang jedoch nicht von vornherein bekannt, kann das in der parametrischen Regression gravierende Auswirkungen auf die Inferenzstatistik haben. In diesem Fall sind nichtparametrische Modelle den parametrischen vorzuziehen, da sie flexibler sind und weniger Annahmen benötigen. Alternativ werden deshalb die von Hastie und Tibshirani im Jahr 1990 eingeführten generalisierten additiven Modelle (GAM's) als Erweiterung der GLM's zur Modellierung der Schadenfrequenz herangezogen.

Diese Arbeit gliedert sich in drei Themengebiete. Zuerst werden die linearen Modelle und die GLM's im Rahmen der parametrischen Regression vorgestellt. Darauf aufbauend werden im zweiten Teil die additiven Modelle und ihre Erweiterungen, die GAM's, im Zusammenhang mit der nichtparametrischen Regression vorgestellt. Schließlich werden die GLM's und GAM's angewendet, um die Schadenfrequenz mit Hilfe eines Datensatzes einer Kraftfahrzeugversicherung in Australien zu modellieren und auszuwerten. Dabei liegt der Kern dieser Arbeit im Vergleich der Modellgüte und -qualität zwischen den GLM's und GAM's.

1

2 Parametrische Regression: Generalisierte Lineare Modelle

2.1 Das einfache und das multiple lineare Regressionsmodell

Die Regressionsanalyse ist ein statistisches Verfahren, welches das Ziel verfolgt anhand von mindestens einer oder mehreren unabhängigen Variablen $x_1,\ldots,x_k$, welche im Folgenden als Regressoren bezeichnet werden, die Entwicklung einer unabhängigen Variablen y, im Folgenden als Zielvariable bezeichnet, zu prognostizieren. Das angewendete Regressionsverfahren hängt sowohl von der Wesensart der Beziehungen zwischen Zielvariablen und Regressoren, als auch von der Menge der Regressoren und ihren Beziehungen zueinander ab.

2.1.1 Das einfache lineare Modell

Die lineare Einfachregression ist die simpelste Möglichkeit der Modellierung von linearen Abhängigkeiten durch einen Regressor auf die Zielvariable. Gesucht ist diejenige Gerade, die den Zusammenhang der beiden Variablen bestmöglich beschreibt.

Das einfache lineare Modell hat die Form:

$$y_i = \beta_0 + \beta_1 x_i + \varepsilon_i, \quad i = 1,\ldots, n.$$

Es beinhaltet $i = 1,\ldots, n$ zufällige Beobachtungen x_i, zufällige Störterme von n zufälligen Beobachtungen ε_i, und die Zielvariable von n zufälligen Beobachtungen y_i sowie den unbekannten Regressionskoeffizienten β_1. Zudem wird angenommen, dass die Abweichung von y_i und ihrem Erwartungswert $E[y_i]$ gleich Null ist, d.h.

$$E[\varepsilon_i] = 0.$$

Daraus folgt, dass $\hat{\beta}_0, \hat{\beta}_1$ erwartungstreue Schätzer für β_0, β_1 sind.
Für die Varianz von ε_i gilt die Annahme der Homoskedastizität

$$Var[\varepsilon_i] = \sigma^2$$

und für die Residuen gilt die stochastische Unabhängigkeit

$$E[\varepsilon_i, \varepsilon_j] = 0 \quad \text{für } i \neq j$$

sowie die Normalverteilungsannahme

$$\varepsilon_i \sim N(0, \sigma^2).$$

2.1.2 Das multiple lineare Modell

Werden nun statt einem Regressor, $x_1,\ldots,x_k$ Regressoren zur Analyse einer Zielvariablen betrachtet, so spricht man vom multiplen linearen Modell.
Das multiple lineare Modell hat die Form:

$$y_i = \beta_0 + \beta_1 x_{i1} + \ldots + \beta_k x_{ik} + \varepsilon_i, \quad i = 1,\ldots, n. \tag{2.1}$$

Das Modell besteht aus $\beta_0, \beta_1,\ldots, \beta_k$, also $p = k + 1$ unbekannten Parametern, welche mit der Methode der kleinsten Quadrate (KQ-Methode) geschätzt werden. Die Anpassungsgüte des Modells wird mit Hilfe des „adjustierten" Bestimmtheitsmaßes (R^2) gemessen. Das R^2 gibt an, welcher Anteil der Varianz der Zielvariablen von den Regressoren erklärt werden kann. Es wird ein linearer Einfluss der Regressoren auf die Zielvariable angenommen, welcher, falls nicht gegeben, mittels Variablentransformation hergestellt werden kann (vgl. Jong et al. (2008), S. 43ff.).

2.2 Generalisierte Lineare Modelle

Bei der Wahl für das günstigste Modell einer individuellen Fragestellung kann man die linearen Modelle immer dann empfehlen, wenn die betrachtete Zielvariable stetig und zumindest näherungsweise normalverteilt ist. Für viele Fragestellungen sind die linearen Modelle aufgrund ihrer restringierenden Voraussetzungen nicht optimal geeignet. Zielvariablen sind häufig binär, kategorial oder Zählvariablen, bspw. die Anzahl von Schadenfällen in bestimmten Zeitabschnitten, und bedürfen deshalb eines flexibleren Schätzverfahrens. Auch schief verteilte Variablen, wie z.B. Schadenzahlen, lassen sich, obwohl sie stetig sind, nicht immer angemessen mit linearen Regressionsanalysen durchführen, (vgl. Fahrmeir et al. (2009), S. 189). Aufgrund dieser Einschränkungen haben John Nelder und Robert Wedderburn im Jahr 1972 die GLM's als Verallgemeinerung der linearen Modelle eingeführt.

2.2.1 Komponenten der GLM's

Ein GLM setzt eine Verteilungsannahme, eine Strukturannahme und eine Linkfunktion voraus. (vgl. Fahrmeir et al. (2001), S. 19ff.).

1) Verteilungsannahme:

Ist eine Zufallsvariable y ein Mitglied der Exponential-Dispersions-Familie (EDF), nimmt sie folgende Gestalt an:

$$f(y; \theta, \varphi, w) = c(y, \varphi, w) \exp \left(\frac{y\theta - b(\theta)}{\varphi/w} \right). \tag{2.2}$$

Dabei sind:

θ: ein unbekannter, kanonischer Parameter,

φ: ein positiver Dispersionsparameter größer null

$b(\cdot), c(\cdot)$: zweimal-differenzierbare, verteilungsspezifische Funktionen,

w: eine Konstante (Gewicht/ Exposure).

Somit gilt für den Erwartungswert und die Varianz:

$$E[y] = \mu = b'(\theta) \quad \text{und} \quad Var(y) = \sigma^2(\mu) = \frac{\varphi}{w} b''(\theta).[1]$$

Beispiel Normalverteilung

Im Fall einer Normalverteilung schreibt sich (2.2) wie folgt:

$$f(y; \theta, \varphi) = \frac{1}{\sqrt{2\pi}\sigma} \exp \left(- \frac{(y - \mu)^2}{2\sigma^2} \right)$$

$$= \exp \left(\left(\frac{y\mu - \mu^2/2}{\sigma^2} \right) - \frac{1}{2} \left(\frac{y^2}{\sigma^2} + \log(2\pi\sigma^2) \right) \right).$$

---

[1] Ein ausführlicher Beweis ist zu finden in McCullagh et al. (1989), S. 28f.

3

Daraus folgt:

$$\theta = \mu, \qquad \varphi = \sigma^2, \qquad w = 1 \qquad \text{und} \qquad b(\theta) = \frac{\theta^2}{2}, \qquad c(y, \varphi) = -\frac{1}{2}\left(\frac{y^2}{\sigma^2} + \log(2\pi\sigma^2)\right)$$

(vgl. McCullagh et al. (1989), S. 28).

Weitere Verteilungsarten die zur EDF gehören sind u.a. die Binomial-, Poisson-, negative Binomial- und die Gammaverteilung.

2) Strukturannahme:

Unter der Voraussetzung, dass keine Interaktionen zwischen den Regressoren bestehen, wird der Erwartungswert μ_i mit dem linearen Prädiktor

$$\eta_i = \beta_0 + \beta_1 x_{i1} + \dots + \beta_k x_{ik} = \mathbf{x_i' \beta}$$

über

$$\mu_i = h(\eta_i) = h(\mathbf{x_i'\beta}) \qquad \text{bzw.} \qquad g(\mu_i) = \eta_i$$

verknüpft.
Dabei ist:

h: eine bekannte und differenzierbare Responsefunktion,
g: die Inverse von h und ist bekannt als Linkfunktion

(vgl. Fahrmeir et al. (1996), S. 217ff.).

3) Linkfunktion

Der Unterschied zwischen den linearen Modellen und den GLM's besteht in der Anwendung einer Linkfunktion. Sie bewirkt eine lineare Transformation des Erwartungswerts der Zielvariablen. Für jede Verteilungsart der EDF gibt es eine natürliche oder kanonische Linkfunktion. Ist die Zielvariable normalverteilt und die Linkfunktion die Identität (μ), was einen Spezialfall der GLM's darstellt, so sind die GLM's und die linearen Modelle identisch (vgl. Ohliger (2016), S. 53).

Familie	Kanonischer Link
Poisson	$\log(\mu)$
Negativ Binomial	$\log(\mu/(\upsilon + \mu))$

Tab. 2.1: Linkfunktionen für die Poisson- und die negative Binomialverteilung

Tabelle 2.1 präsentiert die Linkfunktionen von zwei relevanten Verteilungen aus der EDF, die im weiteren Verlauf dieser Arbeit im Fokus stehen werden (vgl. Kruse (1997)).

2.2.2 Parameterschätzung

Die $k + 1$ Regressionskoeffizienten β_j werden mit der Maximum-Likelihood-Methode (ML-Methode) geschätzt, vorausgesetzt der Verteilungstyp ist bekannt und die Design-Matrix $\mathbf{X}$ besitzt den vollen Rang.

Für n unabhängige Beobachtungen nimmt die Likelihood-Funktion folgende Gestalt an:

$$L(\mathbf{\theta}, \varphi; \mathbf{y}) = \prod_{i=1}^{n} f(\theta_i, \varphi; y_i).$$

Diese wird bezüglich $\hat{\theta}$ und $\hat{\varphi}$ maximiert. Oft ist es jedoch praktischer die Log-Likelihood-Funktion

$$l(\theta; \varphi, y) = \sum_{i=1}^{n} \log f(\theta_i, \varphi; y_i), \qquad (2.3)$$

statt der Likelihood-Funktion zu maximieren.

Die Log-Likelihood-Funktion (2.3) wird für eine Dichte der Form (2.2) zu

$$l(\theta; \varphi, y) = \frac{1}{\varphi} \sum_{i=1}^{n} w_i \left(y_i \, \theta_i - b(\theta_i) \right) + \sum_{i=1}^{n} c(y_i, \varphi, w_i)$$

(vgl. Hardin et al. (2012), S. 20f. und Ohlsson et al. (2010), S. 31).

2.2.3 Goodness of fit

Bei der Bewertung eines Modells stellt sich die Frage, wie gut das ausgewählte Modell die beobachteten Daten beschreibt, also wie nah der geschätzte Erwartungswert $\hat{\mu}$ an den wahren Wert y herankommt. Um die Güte der Modellanpassung festzustellen, kann das saturierte Modell, welches genauso viele Regressoren wie Beobachtungen enthält, mit dem reduzierten Regressionsmodell verglichen werden, d.h. es kann untersucht werden, ob die Abweichung zwischen saturiertem und reduziertem Modell signifikant ist. Die Devianz ist eine Möglichkeit die Signifikanz zu überprüfen (vgl. Fahrmeir et al. (2009), S. 205).

Devianz

Die Devianz basiert auf der maximierten Log-Likelihood als eine Funktion $l(\theta, \varphi; y)$ des kanonischen Parameters θ. Sie ist eine Transformation dieser Log-Likelihood und beschreibt die Abweichung zwischen den Daten und dem Modell. Es gilt, je geringer die Devianz, desto besser die Modellanpassung. Wird θ durch $\hat{\mu}_i$ ersetzt, wird die Log-Likelihood-Funktion $l(\theta; \varphi, y)$ zu $l(\hat{\mu}, \varphi; y)$. Tritt der Fall ein, dass wie im saturierten Modell $\hat{\mu}_i = y_i$ gilt, ergibt sich die Log-Likelihood-Funktion zu $l(y, \varphi; y)$ (vgl. Fox (2016), S. 449).

Somit ist die Devianz definiert als die zweifache Abweichung zwischen der maximal erreichbaren und der tatsächlich realisierten Log-Likelihood-Funktion.

$$D(y; \hat{\mu}) = 2 \left[l(y, \varphi; y) - l(\hat{\mu}, \varphi; y) \right]. \qquad (2.4)$$

Und im Rahmen der GLM's wird (2.4) für $\tilde{\theta} = \theta(y)$ und $\hat{\theta} = \theta(\hat{\mu})$ zu

$$D(y; \hat{\mu}) = \sum_{i=1}^{n} 2 w_i \left[y_i \, (\tilde{\theta}_i - \hat{\theta}_i) - b(\tilde{\theta}_i) + b(\hat{\theta}_i) \right].$$

Die skalierte Devianz erhält man nach Division von (2.4) durch den Dispersionsparameter φ:

$$D^*(y; \hat{\mu}) = (y; \hat{\mu}) / \varphi$$

(vgl. McCullagh et al. (1989), S. 33f.).

Häufig wird gefordert, dass die Zufallsvariable $D(y; \hat{\mu})$ näherungsweise einer Chi-Quadrat-Verteilung mit $n - p$ Freiheitsgraden (χ^2_{n-p}) folgt. Diese Verteilungsannahme ist das Grundgerüst diverser Modellanpassungstests Diese Verteilungsannahme setzt jedoch voraus, dass φ bekannt ist. Für den Fall einer Poisson-Verteilung mit $\varphi = 1$ mag das zutreffen, liegt der Zielvariablen jedoch eine andere Verteilung zugrunde und muss φ geschätzt werden, so ist die χ^2_{n-p} Verteilungsannahme ein Kompromiss und möglicherweise eine unzureichende Näherung. Weiterhin wird angenommen, dass n groß ist. Teilt man die Devianz durch die Anzahl der Freiheitsgrade n – p, wird schnell ersichtlich, ob es sich um ein gut oder schlecht angepasstes Modell handelt. Beispielsweise impliziert ein Ergebnis, welches viel größer als eins ist, eine schlechte Modellanpassung.

Die Devianz wird verwendet um verschachtelte Modelle miteinander zu vergleichen, ohne Vergleichswerte hat sie wenig Aussagekraft (vgl. Jong et al. (2008), S. 71f.).

Residuenanalyse

Primäres Ziel der Residuenanalyse ist es Verletzungen der Modellannahmen aufzudecken. Residuen werden im GLM unter anderem verwendet um

- die Anpassungsgüte des Modells an die zugrundeliegenden Daten,
- die Angemessenheit der Wahl der Varianz- und Linkfunktion und
- das Vorkommen von Trends , Heteroskedastizität u.v.m.

zu überprüfen (vgl. Jong et al. (2008), S. 77ff.).
Im GLM finden sich diverse Arten von Residuen. Im Folgenden werden die Devianz-Residuen näher untersucht.

Devianz-Residuen

Wird die Devianz zur Modelldiagnose verwendet, so trägt jede Beobachtung eine Größe d_i zur Diagnose bei, d.h. die Devianz besteht aus der Summe der Devianzen der individuellen Beobachtungen

$$\sum_{i=1}^{n} d_i = D.$$

Devianz-Residuen sind demnach definiert als

$$r_i^D = \text{sign}\ (y_i - \hat{\mu}_i)\sqrt{w_i d_i}\ ^2$$

(vgl. McCullagh et al. (1989), S. 39 und Ohlsson et al. (2010), S. 53).

Im Folgenden wird der Fokus auf die Modelle für Zähldaten gelegt, welche zur Berechnung der Schadenfrequenz von Autounfällen eingesetzt werden. Das Behandeln aller Modelle, die der EDF angehören, ist im Rahmen dieser Arbeit zu umfangreich und für das hier behandelte Thema nicht weiter relevant.[3]

2.2.4 Modelle für Zähldaten 1 - Poisson-verteiltes GLM

Ist die Zielvariable eine Zählvariable, wird dem Modell häufig die Poisson-Verteilung zugrunde gelegt. Beispielsweise ist bei der Modellierung von Schadenhäufigkeiten die Poisson-Verteilung die am häufigsten verwendete Verteilungsart. Daneben existieren noch weitere, alternative Verteilungen, wie z.B. die negative Binomialverteilung (NB-Verteilung) zur Modellierung von Schadenhäufigkeiten (vgl. Goldburd et al. (2016), S. 19).

---

[2] Die Signumfunktion sign() ist eine reelle Vorzeichenfunktion und ist definiert als $\text{sign}(x) = \begin{cases} +1 & \text{falls } x > 0 \\ 0 & \text{falls } x = 0, \\ -1 & \text{falls } x < 0 \end{cases}$

(vgl. Cornelsen (2011)).

[3] Eine vollständige Darstellung aller Modelle für die Schadenbedarfsanalyse ist zu finden in Kruse (1997), S. 54ff.

Da Schadenhäufigkeiten i.d.R. durch eine Poisson-Verteilung modelliert werden und diese Teil der EDF ist, lässt sich ihre Wahrscheinlichkeitsfunktion wie folgt formulieren:

$$f(y\,;\,\theta,\,w) = e^{-w\lambda}\,\frac{(w\lambda)^{wy}}{(wy)!} = \exp\{w\,[y\,\log(\lambda) - \lambda] + c(y,w)\}$$

für $y \in \{0,1,2,...\}, \lambda > 0$.

Somit ergibt sich:

$$\theta = \log(\lambda), \qquad \varphi = 1, \qquad b(\theta) = e^{\theta} = \lambda \qquad \text{und} \qquad c(y,w) = wy\log(w) - \log(wy!).$$

Der Erwartungswert und die Varianz haben folgende Beziehung:

$$\lambda = E[y] = Var[y] \tag{2.5}$$

(vgl. Ohlsson et al. (2010), S. 19 und Fahrmeir et al. (2009), S. 210ff.).

Für das Poisson-Regressionsmodell gilt:

$$y \sim P(\mu), \qquad g(\mu) = x'\beta \tag{2.6}$$

Die Zielvariable y ist Poisson-verteilt und wird über eine Linkfunktion g mit den Regressoren verknüpft. Eine beliebte Wahl für g ist der Identitäts-Link $\mu = x'\beta$ und der Log-Link $\log(\mu)= x'\beta$. Mit dem Log-Link $\hat{\mu} = \exp(x'\hat{\beta})$ werden ausschließlich positive Ergebnisse generiert. Beim Identitäts-Link kann ein positives Ergebnis allerdings nicht garantiert werden (vgl. Jong et al. (2008), S. 81).

Log-lineares Poisson-Modell

Dieses prominente Modell für Zähldaten verbindet $\lambda_i = E[y_i] = \mu_i$ mit dem linearen Prädiktor $\eta_i = \beta_0 + \beta_1 x_{i1} + ... + \beta_k x_{ik}$ über

$$\lambda_i = w_i \exp(\eta_i) = w_i \exp(\beta_0)\exp(\beta_1 x_{i1}) * ... * \exp(\beta_k x_{ik}) \tag{2.7}$$

oder in log-linearer Form über

$$\log(\lambda_i) = \log(w_i) + \eta_i = \log(w_i) + x_i'\beta = \log(w_i) + \beta_0 + \beta_1 x_{i1} + ... + \beta_k x_{ik}. \tag{2.8}$$

Daraus folgt, dass der Einfluss der Regressoren auf die Zielvariable exponentiell-multiplikativ ist, wohingegen die Regressoren einen linearen Einfluss auf die logarithmierte Zielvariable erkennen lassen (vgl. Fahrmeir et al. (2009), S. 210).
Bei der neu hinzugefügten Variable w_i handelt es sich um einen sogenannten Offset/ Exposure.

Definition Offset

Wenn Zähldaten modelliert werden, kann es angebracht sein einen Korrekturterm in das Modell mitaufzunehmen. Dieser Korrekturterm soll dann eine Gewichtung für ein bestimmtes Risikomerkmal darstellen, wie bspw. die Personenanzahl bei einer unterschiedlichen Anzahl von Personen in einer Risikogruppe.
Wird der Gewichtungsfaktor w_i in das Modell integriert, so ergibt sich (2.6) zu

$$g\left(\frac{\mu_i}{w_i}\right) = x_i'\beta. \tag{2.9}$$

Ist g nun die Logarithmusfunktion, wird (2.9) zu

$$\log\left(\frac{\mu_i}{w_i}\right) = x_i'\beta$$

und somit ergibt sich: $\qquad\qquad \log(\mu_i) = \log(w_i) + x_i'\beta.$

Die Variable w_i wird als Exposure und $\log(w_i)$ als Offset bezeichnet (vgl. Jong et al. (2008), S. 66f.).

Probleme der Poisson-Verteilung:

Auch wenn die Poisson-Verteilung eine der gebräuchlichsten Verteilungsarten zur Analyse von Schadenfrequenzen ist, können durch die restriktive Betrachtung der Varianz analytische Probleme auftreten. Ein wesentliches Problem der Poisson-Verteilung ist die Überdispersion. Diese wird im Folgenden näher betrachtet.

Überdispersion

Im Fall einer Poisson-verteilten Zufallsvariable y_i sollen Erwartungswert und Varianz äquivalent sein (2.5). Wenn die Varianz den Erwartungswert übersteigt, so spricht man von Überdispersion.

Definition Überdispersion

Bei einer Poisson-Verteilung mit $\varphi = 1$ wird erwartet, dass

Residual Deviance = Residual degrees of freedom (df).

Ist die Residualvarianz größer als sie aufgrund der von den GLM's angenommenen Fehlerverteilung zu erwarten ist, dann spricht man von Überdispersion. Die Überdispersion kann bspw. durch ein schlecht angepasstes Modell aufgrund von unberücksichtigten aber signifikanten Regressoren, durch eine fehlerhaft angenommene Verteilung oder durch Extremwerte (Ausreißer) in den Daten begründet werden. Des Weiteren kann das Modell durch seine Annahmen auch zu restriktiv für die Daten sein. Die Überdispersion hat Auswirkungen auf die Inferenzstatistik und führt zu falschen und ggf. stark unterschätzten Standardfehlern, was sich wiederrum in einer inkorrekt beurteilten Signifikanz der Regressoren wiederspiegeln kann. Um einer Überdispersion entgegenzuwirken, kann die Hinzunahme eines Überdispersions-Parameters φ in Betracht kommen Das bedeutet, die Varianz aus (2.5) wird zu

$$\mathrm{Var}(y_i) = \varphi\,\lambda_i.$$

(vgl. Hinde et al. (1998), S. 4ff.).

ML-Schätzer und Devianz

Für die Likelihood-Funktion mit $E[y_i] = \mu_i = \lambda_i$, d.h. mit Poisson-verteilter Zielvariable gilt:

$$l(\mu, y) = \sum_{i=1}^{n} w_i(\, y_i \log(\mu_i) - \mu_i). \qquad (2.10)$$

Mit (2.10) lässt sich dann die Devianz wie folgt berechnen:

$$D(y, \hat{\mu}) = 2\sum_{i=1}^{n} [w_i\, y_i \log\left(\frac{y_i}{\hat{\mu}_i}\right) + w_i(\,\hat{\mu}_i - y_i)].$$

Bei Poisson-verteilten Zielvariablen ist $\varphi = 1$, so dass $D = D^*$.
Für die Devianz-Residuen gilt:

$$r_i^D = \text{sign}\,(y_i - \hat{\mu}_i) \sqrt{[2w_i(y_i \log\left(\frac{y_i}{\hat{\mu}_i}\right) - w(y_i - \hat{\mu}_i)]}$$

(vgl. McCullagh et al. (1989), S. 39 und 197 sowie Ohlsson et al. (2010), S. 40 und 53).

2.2.5 Modelle für Zähldaten 2 - NB-verteiltes GLM

Um einer Überdispersion entgegenzuwirken wird im Rahmen der GLM's die Negativ-Bino-mial-Regression empfohlen, da sie im Gegensatz zur Poisson-Regression nicht voraussetzt, dass die Varianz dem Erwartungswert gleicht und dass λ_i über alle Klassen hinweg konstant und homogen ist, sondern die Heterogenität durch die Hinzunahme eines zusätzlichen Stör-terms miteinbezieht. Durch Hinzunahme des Störterms u_i wird die Gleichung in (2.7) zu

$$\lambda_i = \exp(x_i'\beta + u_i).$$

Weiterhin wird angenommen, dass λ_i einer Gammaverteilung folgt. Aus diesen erweiterten Annahmen ergibt sich für ein gegebenes υ die NB-Verteilung NB(y; μ, υ), die ebenfalls zur EDF gehört. Bei der NB-Verteilung handelt es sich demnach um eine Mischung aus einer Poisson- und einer Gamma-Verteilung.

Die Varianzfunktion $\qquad \text{Var}(y_i) = \mu_i + \frac{\mu_i^2}{\upsilon},$

setzt sich aus zwei Termen zusammen, wobei der erste Term als Varianz des Poisson-Modells und der zweite als zusätzliche Variation des Störterms angesehen wird.
Aus der Wahrscheinlichkeitsfunktion der NB-Verteilung

$$f(y; \mu, \upsilon) = \exp\left(y \log\left(\frac{\mu}{\mu + \upsilon}\right) + \upsilon \log\left(\frac{\upsilon}{\mu + \upsilon}\right) + \log\left(\frac{\Gamma(y + \upsilon)}{\Gamma(y + 1)\Gamma(\upsilon)}\right)\right)$$

lässt sich die Log-Likelihood-Funktion in Form von

$$l(\mu; y, \upsilon) = \sum_{i=1}^{n}\left(y_i \log\left(\frac{\mu_i}{\upsilon}\right) - (y_i + \upsilon)\log\left(1 + \frac{\mu_i}{\upsilon}\right) + \log\left(\frac{\Gamma(y_i + \upsilon)}{\Gamma(y_i + 1)\Gamma(\upsilon)}\right)\right)$$

ableiten. Für einen gegebenen Parameter υ ergibt sich die Devianz zu:

$$D(\hat{\mu}; y, \upsilon) = 2\sum_{i=1}^{n}\left(y_i \log\left(\frac{y_i}{\hat{\mu}_i}\right) - (y_i + \upsilon)\log\left(\frac{\upsilon + y_i}{\upsilon + \hat{\mu}_i}\right)\right).$$

Die Devianz hängt neben den beobachteten und geschätzten Responsevariablen auch vom Pa-rameter υ der Varianzfunktion ab. Auch die kanonische Linkfunktion der NB-Verteilung

$$\eta_i = \log\left(\frac{\mu_i}{\mu_i + \upsilon}\right)$$

ist vom Parameter υ abhängig. Da sich diese Abhängigkeit negativ auf eine effiziente Modell-schätzung auswirkt, bietet sich alternativ die Anwendung der logarithmischen Linkfunktion $\eta_i = \log(\mu_i)$ an, da diese eine gute Basis für den Vergleich mit dem Poisson-Modell darstellt (vgl. Kruse (1997), S. 62ff.).

3 Nichtparametrische Regression: Generalisierte additive Modelle

Meist ist anfangs nicht bekannt, welchen funktionalen Einfluss die Regressoren auf die Zielvariable haben. Somit ist der Erklärungsgehalt einer rein linearen Modellierung im praktischen Gebrauch oftmals unzureichend. Um diesem Problem zu begegnen, führten Hastie und Tibshirani im Jahr 1990 die GAM's als Erweiterung der GLM's ein. Diese bestehen aus p linearen Schätzern, die aus glatten Funktionen der Regressoren zusammengesetzt sind. Eine allgemeine Schreibweise für ein GAM ist:

$$g(\mu_i) = \beta_0 + f_1(x_{i1}) + f_2(x_{i2}) + \ldots + f_p(x_{ip}) \qquad (3.1)$$

wobei $\qquad \mu_i = E[y_i]$ und $y_i \sim$ Verteilung aus der EDF.

Dabei ist $g(\mu_i)$ die Linkfunktion einer Zielvariablen μ_i, β_0 ist ein Intercept und die f_p sind glatte Funktionen der Regressoren x_p. Dieses Modell erlaubt es die Abhängigkeit der Zielvariablen von den Regressoren flexibel mit Hilfe von glatten Funktionen, anstelle von detaillierten parametrischen Beziehungen, darzustellen. Die Vorteile der Flexibilität stehen den theoretischen Problemen gegenüber, die sich durch die Art der Darstellung der glatten Funktionen sowie durch die Entscheidung über den Grad ihrer Glattheit ergeben.

Im Folgenden werden zunächst die wichtigsten Bausteine der GAM's betrachtet, um später darauf aufbauend die GAM's vorzustellen (vgl. Wood (2006), S. 121).

3.1 Smoothing

Ein Smoother ist ein mathematisches Werkzeug, das den Verlauf einer Zielvariablen y als Funktion eines oder mehrerer Regressoren $x_1, \ldots, x_p$ zusammenfasst, indem es einen Schätzer für die Funktion generiert, der weniger Variabilität als y selbst aufweist. Darüber hinaus wird keine explizite Form der Abhängigkeit von y auf $x_1, \ldots, x_p$ vorausgesetzt, weshalb Smoother gebräuchliche Instrumente in der nichtparametrischen Regression darstellen (vgl. Hastie et al. (1990), S. 9).

Univariate Glättung

Streudiagramm-Glätter (Scatterplotsmoother) sind Verfahren, die eine flexible Modellierung der Wirkung eines metrischen Regressors auf eine als metrisch angenommene Zielvariable erlauben. Diese Bezeichnung als Streudiagramm-Glätter beruht darauf, dass sich bei diesen Verfahren die zugrunde liegenden Daten sehr gut in einem Streudiagramm darstellen lassen. Dabei verfolgen sie das Ziel, eine tunlichst glatte Funktion f zu bestimmen. Das Standardmodell der univariaten nichtparametrischen Regression mit den metrischen Variablen (y_i, x_i), $i = 1, \ldots, n$, hat die Form

$$y_i = f(x_i) + \varepsilon_i.$$

Darüber hinaus gilt $\qquad E[\varepsilon_i] = 0 \quad$ und $\quad Var[\varepsilon_i] = \sigma^2.$

Zudem ist der Störterm ε_i unabhängig und identisch (standardnormal-)verteilt (u.i.v.)

$$\varepsilon_i \text{ u.i.v. } N(0, \sigma^2).$$

10

Daraus folgt, $\qquad E[y_i] = f(x_i)$ und $Var[y_i] = \sigma^2$, $\qquad i=1,\ldots, n.$

Somit wird durch die Funktion $f(x_i)$ der Erwartungswert der Zielvariablen $E[y_i]$ modelliert (vgl. Fahrmeir et al. (2009), S. 292f.).

3.2 Regression-Splines und Basisfunktionsansätze

Mit Hilfe von Polynom-Splines, auch Regressions-Splines genannt, ist es möglich den Einfluss eines stetigen Regressors unter Zuhilfenahme von stückweisen Polynomen modellieren zu können. Ein polynomiales Modell hat die allgemeine Form:

$$f(x) = \beta_0 + \beta_1 x + \ldots + \beta_j x^l , \qquad l = 1,\ldots, p. \qquad (3.2)$$

Dabei wird der Einfluss von x auf y durch ein Polynom vom Grad l modelliert.
Die Modellierung durch stückweise Polynome hat den Nachteil, dass die geschätzten Polynome an den jeweiligen Intervallgrenzen unterschiedliche Funktionswerte besitzen, weshalb sie keine glatte Funktion ergeben und diese folglich unstetig ist. Die Lösung sind zusätzliche Glattheitsanforderungen an den Intervallgrenzen für die geschätzten Funktionen. Polynom-Splines erfüllen diese Glattheitsanforderungen, indem sie die stückweisen Polynome an den Intervallgrenzen glatt zusammensetzen (vgl. Fahrmeir et al. (2009), S. 293ff.).

In der Praxis werden häufig Polynome dritten Grades gewählt. Deshalb wird auch im Folgenden das Augenmerk auf den kubischen Splines liegen.
Die stückweise kubischen Polynome müssen stetig sein und eine stetige erste und zweite Ableitung an den Knoten aufweisen. Eine Variante von Polynom-Splines sind die natürlichen kubischen Splines (NKS's). Dies sind kubische Splines mit der zusätzlichen Bedingung, dass die Funktion außerhalb der Intervallgrenzen a und b linear sein muss. Daraus ergibt sich nachfolgende Randbedingung für die beiden Grenzregionen:

$$f''' = f'' = 0.$$

Natürliche Splines sind an den Intervallgrenzen unflexibler, was sich als Vorteil herausstellt, da die kalkulierten Werte von Regressions-Splines i.d.R. an den Intervallgrenzen eine hohe Varianz besitzen.

Definition kubische Splines:

Eine Funktion $f(x)$ vom Grad $l = 3$ mit den Knoten $a = \xi_1 < \ldots < \xi_k = b$ die im Intervall $[a,b]$ liegt heißt kubischer Spline, wenn folgende Bedingungen erfüllt sind:

- $f(x)$ ist ein kubisches Polynom in jedem Teilintervall $[\xi_j, \xi_{j+1})$,
- $f(x)$ hat zwei stetige Ableitungen und
- $f(x)$ besitzt eine dritte Ableitung in Form einer Treppenfunktion mit Sprüngen an den Knoten $\xi_1 < \ldots < \xi_k$.

Das Hauptproblem bei der Anwendung von Regressions-Splines ist die Auswahl der Anzahl und die Bestimmung der Position der Knoten. Eine weitere Herausforderung stellt die Selektion von Basisfunktionen zur Repräsentation der Splines bei einer gegebenen Anzahl von Knoten dar (vgl. Hastie et al. (1990), S. 23ff.).

Kubische (Polynom-) Splines müssen in eine brauchbare Darstellung transformiert werden, die es ermöglicht die kubischen Splines zu beschreiben, bevor sie in der nichtparametrischen Regression zum Einsatz kommen können. Dies geschieht am häufigsten über trunkierte Potenzen und B-Splines. Diese Arbeit wird sich im weiteren Verlauf auf B-Splines beschränken.

Basisfunktionen

Basisfunktionsansätze zielen darauf ab die unbekannte Funktion f(x) mithilfe eines flexiblen Funktionenraums wie z.B. mit Polynomen p-ten Grades anzupassen, damit die Funktion f(x) als Linearkombination einer endlichen Menge von Basisfunktionen dargestellt werden kann.

B-Splines

Um die Glattheitsanforderungen, welche an den Knoten der Funktion f(x) durch die stückweise definierten Polynome gestellt werden, zu erfüllen, werden Basic-Splines- oder B-Spline-Basisfunktionen erstellt, so dass $(l + 1)$ Polynomstücke mit dem Grad l an den Knoten $(l − 1)$-mal stetig differenzierbar zusammengesetzt werden können. Für kubische Splines gilt $l = 3$. Ausgehend von der Knotenmenge werden zur Darstellung von Polinom-Splines, B-Spline-Basisfunktionen konstruiert. Durch eine Linearkombination von $d = k + l − 1$ Basisfunktionen, die sich aus der Anzahl der Knotenmenge k und dem gewünschten Splinegrad l der Polynomstücke zusammensetzen, lässt sich (3.2) darstellen als:

$$f(x) = \sum_{j=1}^{d} \beta_j\, B_j(x). \tag{3.3}$$

Der Einsatz der B-Spline Basisfunktion (B_j) ist vorteilhaft, da die Basisfunktionen nur in einem durch $l + 2$ Knoten gebildeten, benachbarten Intervall positiv und nach oben beschränkt sind.

B-Splines vom Grad $l = 0$ sind wie folgt definiert:

$$B_j^0(x) = \mathbb{1}_{[\xi_j,\, \xi_{j+1})}(x) = \begin{cases} 1 & \xi_j < x < \xi_{j+1}, \\ 0 & \text{sonst}, \end{cases} \qquad j = 1,...,d-1.$$

B-Splines höheren Grades können ähnliche wie in (3.3) aus stückweise zusammengesetzten Polynomen vom Grad l modelliert werden. Beispielsweise gilt für Basisfunktionen vom Grad $l = 1$:

$$B_j^1(x) = \frac{x - \xi_j}{\xi_{j+1} - \xi_j}\, \mathbb{1}_{[\xi_j,\, \xi_{j+1})}(x) + \frac{\xi_{j+2} - x}{\xi_{j+2} - \xi_{j+1}}\, \mathbb{1}_{[\xi_{j+1},\, \xi_{j+2})}(x).$$

Die Basisfunktion besteht also aus zwei linearen Teilstücken, die am Knoten ξ_{j+1} stetig zusammengesetzt sind und auf den Intervallen $[\xi_j, \xi_{j+1})$ und $[\xi_{j+1}, \xi_{j+2})$ liegen.

Allgemeiner gilt für B-Splines mit $l \geq 1$

$$B_j^l(x) = \frac{x - \xi_j}{\xi_{j+l} - \xi_j}\, B_j^{l-1}(x) + \frac{\xi_{j+l+1} - x}{\xi_{j+l+1} - \xi_{j+1}}\, B_{j+1}^{l-1}(x)$$

(vgl. Fahrmeir et al. (2009), S. 303ff.).[4]

---

[4] Eine ausführlichere, sachliche und mathematische Darstellung von B-Splines ist zu finden in de Boor, C. (1978): *A practical guide to splines*. Springer, New York.

12

Beispiel kubischer Spline:

Handelt es sich bei f(x) um ein Polynom dritten Grades, dann gilt für die Basisfunktionen:
$B_1(x) = 1$, $B_2(x) = x$, $B_3(x) = x^2$ und $B_4(x) = x^3$ und (3.3) lässt sich umformen zu

$$f(x) = \beta_1 + x\beta_2 + x^2\beta_3 + x^3\beta_4$$

(vgl. Wood (2006), S. 122).

Zwischenfazit

Unter der Voraussetzung, dass die Knotenanzahl und -lage der Regressions-Splines bekannt sind, sind die Regressions-Splines aufgrund ihrer rechnerischen Genauigkeit eine sehr Attraktive Methode für die Modellierung des Wirkungszusammenhangs der stetigen Regressoren auf die Zielvariable. Trifft diese Voraussetzung nicht zu, haben die Regressions-Splines den großen Nachteil, dass die Knotenanzahl und ihre Lage erst mittels komplizierter, mathematischer Verfahren ermittelt werden müssen.
Eine Alternative bieten Smoothing-Splines, die die Wahl der Knotenanzahl und -lage umgehen, indem sie statt Knoten rechnerisch zu bestimmen, die einzelnen Beobachtungen als Knoten nutzen.

3.3 Kubische Smoothing-Splines

Kubische Smoothing-Splines lösen das folgende penalisierte KQ-Kriterium:

$$\sum_{i=1}^{n} \{y_i - f(x_i)\}^2 + \lambda \int_a^b \{f''(x)\}^2 \, dx. \tag{3.4}$$

Hinter diesem Minimierungsproblem verbirgt sich die Frage, welche Funktion, unter allen Funktionen f(x), das penalisierte KQ-Kriterium minimiert. Zudem sollen die Beobachtungen x_i im Intervall [a,b] liegen und der Größe nach sortiert werden können, d.h. $a \le x_1 \le \ldots \le x_n \le b$. Bei λ handelt es sich um eine fixe Konstante. Das penalisierte KQ-Kriterium erfüllt die Voraussetzungen für einen Scatterplotsmoother. Der erste Ausdruck misst die Nähe zu den Daten, während der zweite Ausdruck eine zu große Variabilität der Funktion bestraft.[5]
Der natürliche kubische Spline (NKS) mit Knoten an den individuellen Beobachtungen x_i löst das Minimierungsproblem in (3.4). Für $\lambda \to 0$ hat der Strafterm einen geringen Einfluss und es resultiert eine relativ raue, unpenalisierte Schätzung. Im Gegensatz dazu ist der Strafterm für $\lambda \to \infty$ der dominierende Faktor für die Schätzung und sorgt dafür, dass an jeder Beobachtung $f''(x) = 0$ gilt, d.h. dass die geschätzte Funktion nahezu linear ist. Außerhalb der Intervallgrenzen a und b ist die Smoothing-Spline linear.
Ausgehend von der Tatsache, dass es sich bei (3.4) um einen NKS mit $n - 2$ inneren Knoten handelt, lässt sich der NKS wieder in B-Spline Basisdarstellung schreiben:

$$f(x) = \sum_{j=1}^{n+2} \beta_j \, B_j(x).$$

Die Funktion f(x) liegt in einem $(n + 2)$ dimensionalen Raum, wobei es sich bei NKS's um einen Unterraum des Vektorraums der kubischen Splines handelt (vgl. Hastie et al. (1990), S. 26ff.).

---

[5] Dabei verkörpert der erste Ausdruck das KQ-Kriterium und der zweite Ausdruck den auf der zweiten Ableitung basierenden Strafterm λ.

Um das penalisierte KQ-Kriterium in (3.4) zu lösen wird zunächst das penalisierte KQ-Kriterium in Matrixnotation geschrieben.

Unter der Voraussetzung, dass die Lösung ein NKS sein soll, schreibt sich (3.4) in B-Spline Darstellung wie folgt:

$$\sum_{i=1}^{n} (y_i - f(x_i))^2 = \sum_{i=1}^{n} \left(y_i - \sum_{j=1}^{n} \beta_j B_j(x_i)\right)^2 = (y - X\beta)'(y - X\beta).$$

Weiterhin gilt:

$$\int (f''(x))^2 \, dx = \int \left(\sum_{j=1}^{n} \beta_j B_j''(x)\right)^2 dx$$

$$= \int \left(\sum_{i=1}^{n} \sum_{j=1}^{n} \beta_i \beta_j B_i''(x) B_j''(x)\right) dx$$

$$= \sum_{i=1}^{n} \sum_{j=1}^{n} \beta_i \beta_j \int B_i''(x) B_j''(x) \, dx$$

$$= \beta' K \beta.$$

Dabei ist $x_{ij} = B_j(x_i)$ und K eine Strafmatrix mit $k_{ij} = \int B_i''(x) B_j''(x) \, dx$ ist.

Das penalisierte KQ-Kriterium (3.4) schreibt sich somit in Matrixnotation als

$$(y - X\beta)'(y - X\beta) + \lambda \beta' K \beta.$$

Der penalisierte KQ-Schätzer für $\hat{\beta}$ ist damit

$$\hat{\beta} = (X'X + \lambda K)^{-1} X'y$$

und die geschätzte Splinefunktion $\hat{f}$ ergibt sich durch:

$$\hat{f} = (\hat{f}(x_1), \ldots, \hat{f}(x_n))' = X\hat{\beta} = X(X'X + \lambda K)^{-1} X'y = Sy.$$

Dabei ist S eine Smoothermatrix mit $S = X(X'X + \lambda K)^{-1} X'$ und $\hat{f}$ die geschätzte Splinefunktion. Somit ist zu sehen, dass es sich bei Smoothing-Splines um lineare Smoother handelt (vgl. Lang (2004), S. 101f.).[6]

Bias-Varianz Trade-off für lineare Smoother

Bei der Schätzung einer unbekannten Funktion $\hat{f}$ kommt es zu einem Trade-off zwischen dem Bias und der Varianz und damit zu einem Konflikt zwischen der Glattheit der Zielfunktion und der Anpassung an die Daten. Smoothing-Splines haben die Eigenschaft, dass der Bias für $\lambda \to 0$ sinkt, während die Varianz steigt und für $\lambda \to \infty$ der Bias steigt, während die Varianz sinkt. Die Lösung des Problems ist ein Kompromiss zwischen Bias und Varianz. Mit der Wahl des Glättungsparameters λ ist eine optimale Schätzung der glatten Funktion möglich (vgl. Hastie et al. (1990), S. 40f.).

---

[6] Zu den linearen Smoothing-Splines gehören u.a. auch der Running-Mean, Running-Line, Kernel, Locally- Weighted Running-Line und die Regression-Spline Smoother. Siehe dazu Hastie, et al. (1990), S. 45.

3.4 Einfluss und Wahl des Glättungsparameters

Nun stellt sich die Frage, welche Möglichkeiten es gibt, um den optimalen Glättungsparameter zu kalkulieren, der einen Kompromiss zwischen Verzerrung und Variabilität des Schätzers darstellen kann.
Eine erste Überlegung basiert auf der Betrachtung des mittleren quadratischen Fehlers (MSE):

$$MSE(\lambda) = \frac{1}{n} \sum_{i=1}^{n} E\{\hat{f}_\lambda(x_i) - f(x_i)\}^2.$$

Nun ließe sich der optimale Glättungsparameter approximativ mit Hilfe der Residuenquadratsumme $\frac{1}{n} \sum_{i=1}^{n} y_i - \hat{f}_\lambda(x_i)$ ermitteln. Da sich die Residuenquadratsumme jedoch durch $\hat{f}_\lambda(x_i) = y_i$ minimieren lässt und sich durch die Minimierung immer der interpolierende Schätzer ergibt, ist diese Methode ungeeignet um einen optimalen Glättungsparameter zu bestimmen.
Ein weiterer Ansatz basiert auf der Untersuchung des quadratischen Fehlers für neue Beobachtungen y_i^*, dem vorhergesagten quadratischen Fehler (PSE):

$$PSE(\lambda) = \frac{1}{n} \sum_{i=1}^{n} E\{y_i^* - \hat{f}_\lambda(x_i)\}^2.$$

Da jedoch in der Realität oftmals keine neuen Beobachtungen verfügbar sind, wird der optimale Glättungsparameter über das Kreuzvalidierungsverfahren bestimmt.
Hierbei wird eine Beobachtung (x_i, y_i) aus den Daten entfernt und mit den übrig gebliebenen $n - 1$ Beobachtungen eine Schätzung durchgeführt und mit dieser Schätzung im Anschluss der Funktionswert $f(x_i)$, im Folgenden mit $\hat{f}_\lambda^{-i}(x_i)$ bezeichnet, vorhergesagt. Das Kreuzvalidierungskriterium (CV-Kriterium) hat die Form:

$$CV(\lambda) = \frac{1}{n} \sum_{i=1}^{n} \{y_i - \hat{f}_\lambda^{-i}(x_i)\}^2. \tag{3.5}$$

Durch Minimierung des CV-Kriteriums erhält man dann den optimalen Glättungsparameter. Das CV-Kriterium ist valide und lässt sich rechtfertigen, denn es gilt

$$E\{CV(\lambda)\} \approx PSE(\lambda)$$

(vgl. Hastie et al. (1990), S. 42f.).
Um den optimalen Glättungsparameter zu bestimmen, müssen n Schätzungen nichtparametrischer Regressionsmodelle durchgeführt werden. Bei Penalisierungsansätzen für lineare Smoother kann dies jedoch umgangen werden (vgl. Fahrmeir et al. (2009), S. 350f.).
Hierzu wird zunächst $\hat{f}_\lambda^{-i}(x_i)$ definiert:

$$\hat{f}_\lambda^{-i}(x_i) = \sum_{\substack{j=1 \\ j \neq i}}^{n} \frac{S_{ij}(\lambda)}{1 - S_{ii}(\lambda)} y_j. \tag{3.6}$$

Gleichung (3.6) impliziert folgenden Zusammenhang:

$$\hat{f}_\lambda^{-i}(x_i) = \sum_{\substack{j=1 \\ j \neq i}}^{n} S_{ij}(\lambda) y_j + S_{ii}(\lambda) \hat{f}_\lambda^{-i}(x_i). \tag{3.7}$$

Mit Gleichung (3.7) wird gezeigt, dass ein neu aufgenommener Punkt, der direkt auf der Regressionsoberfläche liegt, die angepasste Regressionsfunktion nicht ändert. Der Smoothing-Spline ist von Natur aus für alle x_0 und n definiert, weshalb auch $\hat{f}_\lambda^{-i}(x_i)$ für Smoothing-Splines bereits definiert ist. Gleichung (3.7) ist also auch für kubische Smoothing-Splines anwendbar.

15

Des Weiteren impliziert Gleichung (3.7) folgende Relation:

$$y_i - \hat{f}_\lambda^{-i}(x_i) = \frac{y_i - \hat{f}_\lambda(x_i)}{1 - S_{ii}(\lambda)}.$$
(3.8)

Somit kann $\hat{f}_\lambda^{-i}(x_i)$ aus $\hat{f}_\lambda(x_i)$ und $S_{ii}(\lambda)$ berechnet werden. Damit entfällt die Notwendigkeit den i-ten Punkt aus den Daten zu entfernen. Mit dem Ergebnis aus (3.8) lässt sich (3.5) umschreiben zu

$$CV(\lambda) = \frac{1}{n} \sum_{i=1}^n \left(\frac{y_i - \hat{f}_\lambda(x_i)}{1 - S_{ii}(\lambda)} \right)^2$$

(vgl. Hastie et al. (1990), S. 46ff.).
Nichtsdestotrotz ist die Berechnung der Glättungsmatrix gerade für große Datensätze bzw. ihrer Diagonalelemente mit großem Aufwand verbunden. Deswegen werden die Diagonalelemente $S_{ii}(\lambda)$ durch ihren Mittelwert $sp(S)/n$ ersetzt. Daraus ergibt sich $sp(S)$ als die Spur der Glättungsmatrix S. Basierend auf der bisher gewonnenen Theorie wird das generalisierte Kreuzvalidierungs-Kriterium (GCV-Kriterium)

$$GCV(\lambda) = \frac{1}{n} \sum_{i=1}^n \left(\frac{y_i - \hat{f}_\lambda(x_i)}{1 - sp(S)/n} \right)^2$$

eingeführt. Zu den Vorteilen des GCV-Kriteriums zählt neben seiner einfacheren Berechenbarkeit seine Invarianz gegenüber orthogonalen Transformationen der Daten (vgl. Fahrmeir et al. (2009) S. 352.).

3.5 Additive Modelle

3.5.1 Modellbeschreibung

Im Folgenden liegt der Fokus auf den additiven Modellen für multivariate Regressionsfunktionen. Das additive Modell ist eine Erweiterung des linearen Modells. Die parametrische, lineare Form in (2.1) kann durch die nichtparametrische Form eines Oberflächenglätters (surface smoother) mit p metrischen Regressoren $x_{i1}, \ldots, x_{ip}$ ersetzt werden:

$$y_i = f(x_{i1}, \ldots, x_{ip}) + \varepsilon_i.$$
(3.9)

Das bedeutet, dass die Annahme eines linearen Einflusses der Regressoren fallengelassen wird. Bei der Funktion $f: \mathbb{R}^p \to \mathbb{R}$ handelt es sich um eine glatte Funktion mit p Variablen.
Bei dieser Art der Modellbildung entstehen durch die ansteigende Dimension in p, für $p > 2$, Visualisierungs- und Interpretationsprobleme, die auch bekannt sind als Fluch der Dimension.

Definition Fluch der Dimension

Unter dem Fluch der Dimension sind höherdimensionale Glättungsprobleme zu verstehen, bei denen eine große Anzahl an Parametern zu schätzen ist. Hier liegt das Problem in der rasant anwachsenden Varianz, die durch die zunehmende Dimension begründet wird.
Des Weiteren ist die Schätzung von höherdimensionalen Funktionen schwierig und erfordert einen sehr großen Stichprobenumfang, um dem Fluch der Dimension entgegenzuwirken. Deshalb werden in der Praxis nur selten Oberflächen mit einer höheren Dimension als $p = 2$ betrachtet.

Additive Modelle sind nicht vom Fluch der Dimension betroffen. Sie ersetzen die Struktur in Gleichung (3.9) durch die additive Struktur

$$y_i = \beta_0 + f_1(x_{i1}) + \dots + f_p(x_{ip}) + \varepsilon_i \qquad (3.10)$$

und erreichen dadurch, dass die Regressionsoberfläche über die Schätzung der univariaten Funktionen $f_1(x_{i1}), \dots, f_p(x_{ip})$ errichtet wird. Für die Störterme ε_i gelten weiterhin dieselben Annahmen wie im linearen Modell. Mit der additiven Struktur in (3.10) ist das Glätten immer eindimensional und es entstehen keine Probleme mit der Größe der Dimension (vgl. Hastie et al. (1990), S. 83ff.).

Zwar ist das additive Modell nicht vom Fluch der Dimension betroffen, dafür ist das Identifizierungsproblem eine Angelegenheit, die es im additiven Modell zu beachten gilt.

Das Identifizierungsproblem

Angenommen die additive Funktion aus (3.10) hat die Form $y = \beta_0 + f_1(x_1) + f_2(x_2) + \varepsilon$. Wird nun zu f_1 eine Konstante c addiert und dieselbe Konstante von f_2 subtrahiert, so führt dies zu keiner Veränderung von y. Deshalb wird zusätzlich gefordert, dass die unbekannten Funktionen um Null zentriert werden (vgl. Lang (2004), S. 127f.), d.h.

$$E(f_j(x_j)) = 0, \qquad j = 1, \dots, p.$$

3.5.2 Backfitting-Algorithmus

Es existieren verschiedene Verfahren um additive Modelle zu schätzen. Dabei ist der Backfitting-Algorithmus eine häufig angewendete Methode. Dieser Algorithmus basiert auf den univariaten Streudiagramm-Glätter (Scatterplot-Smoother), die iterativ angewendet werden. Der Backfitting-Algorithmus zirkuliert durch die individuellen Beobachtungen und aktualisiert diese mit Hilfe der unidimensionalen Smoother. Dieses iterative Verfahren, ist im Folgenden dargestellt.

Algorithmus 3.1 (Backfitting)

(i) Initialisierung: $f_j = f_j^0$, $j = 1, \dots, p$

(ii) Zirkulation: $j = 1, \dots, p, 1, \dots p, \dots$

$$f_j = S_j(y - \textstyle\sum_{k \neq j} \mathbf{f}_k \mid \mathbf{x}_j)$$

(iii) Schritt (ii) wiederholen, bis sich die individuellen Funktionen nicht mehr ändern (vgl. Hastie et al. (1990), S. 106).

Der Backfitting Algorithmus minimiert das penalisierte KQ-Kriterium

$$\textstyle\sum_{i=1}^{n} \left(y_i - \sum_{j=1}^{p} f_j(x_{ij}) \right)^2 + \sum_{j=1}^{p} \lambda_i \int \left(f_j''(x_j) \right)^2 dx$$

gegenüber $f_1, \dots, f_p$[7], unter der Voraussetzung, dass Glättungssplines als Scatterplot-Smoother verwendet werden (vgl. Lang (2004), S. 130).

---

[7] Die $\mathbf{f}_j$ sind die p Vektoren $\{f_1(x_{i1}), \dots, f_p(x_{ip})\}^T$.

3.5.3 Wahl der Glättungsparameter mittels Kreuzvalidierung

Anders als bei Scatterplottsmoothern, bei denen lediglich ein Glättungsparameter bestimmt werden muss, werden bei additiven Modellen insgesamt p Glättungsparameter geschätzt. Die Schätzung erfolgt wieder mittels GCV. Hierbei wird die GCV-Funktion

$$GCV(\lambda) = \frac{1}{n} \sum_{i=1}^{n} \frac{(y_i - \hat{\eta}_i)^2}{(1 - sp(\mathbf{R})/n)^2} \qquad (3.11)$$

in Bezug auf $\lambda = (\lambda_1, ..., \lambda_p)^T$ minimiert. Hierbei ist $\mathbf{R}$ die Gesamtsmoothermatrix und ist gegeben durch:

$$\hat{\eta}_i = \mathbf{R}y.$$

Abgesehen vom GCV-Kriterium, kommen noch weitere Modellwahlkriterien wie bspw. das Akaike Informationskriterium (AIC) in Betracht (vgl. Lang (2004), S. 132f.), welches definiert ist als

$$AIC = \sum_{i=1}^{n} \frac{(y_i - \hat{\eta}_i)^2}{\hat{\sigma}^2} + 2\hat{\sigma}^2 sp(\mathbf{R}).$$

3.6 Generalisierte additive Modelle

Um die additiven Modelle auf eine große Anzahl von Verteilungsfamilien zu erweitern, haben Hastie und Tibshirani im Jahr 1990 die GAM's eingeführt.
Die GAM's verbinden die Zielvariable über eine nichtlineare Linkfunktion mit den Regressoren. Damit erlauben sie es der Zielvariablen eine beliebige Dichte-/ Wahrscheinlichkeitsfunktion aus der EDF anzunehmen.

3.6.1 Modellbeschreibung

Die GAM's sind additive Erweiterungen der GLM's, d.h. bei GAM's wird der lineare Prädiktor $\eta_i = \beta_0 + \sum_{j=1}^{k} x_j \beta_j$ durch einen additiven Prädiktor $\eta_i = \beta_0 + \sum_{j=1}^{p} f_j(x_j)$ ersetzt (vgl. Hastie et al. (1990), S. 136).
Dabei handelt es sich bei den $f_j(x_j)$ wieder um glatte Funktionen, die auf nichtparametrische Weise geschätzt werden und eine additive Form (siehe (3.10)) annehmen.

Im GLM wird der ML-Schätzer für $\beta = (\beta_0, \beta_1, ... , \beta_p)^T$ über die sogenannte Scorefunktion

$$\sum_{i=1}^{n} x_{ij} \left(\frac{\partial \mu_i}{\partial \eta_i}\right) V_i^{-1}(y_i - \mu_i) = 0, \qquad j = 0, 1, ... , p$$

definiert, wobei $V_i = Var(y_i)$ und für $x_{i1} = 1$ angenommen wird. Um diese Gleichungen lösen zu können wird regelmäßig das Fisher-Scoring Verfahren eingesetzt.

Mit Hilfe des Koeffizientenvektors β_0, dem dazugehörendem linearen Prädiktor $\eta^0 = (\eta_1^0, ... , \eta_n^0)^T$ und den angepassten Werten $\mu^0 = (\mu_1^0, ... , \mu_n^0)^T$ wird die angepasste Zielvariable z_i

$$z_i = \eta_i^0 + (y_i - \mu_i^0)\left(\frac{\partial \eta_i}{\partial \mu_i}\right)_0$$

konstruiert.

Die Gewichte w_i sind definiert als

$$w_i^{-1} = \left(\frac{\partial \eta_i}{\partial \mu_i}\right)_0^2 V_i^0 \,,$$

wobei V_i^0 die Varianz von y für μ_i^0 ist.

Der Algorithmus liefert eine verbesserte Schätzung für β über eine Regression von z_i auf $x^i = (x_{i1}, \ldots, x_{ip})$, mit Gewichten w_i. Dann werden μ^0, η^0 und z_i neu berechnet und der Prozess wird wiederholt bis die Devianz

$$D(y; \hat{\mu}) = 2[l(\hat{\mu}_{max}; y) - l(\hat{\mu}; y)]$$

hinreichend klein ist.

Zwischenfazit:

Die GAM's unterscheiden sich von den GLM's dadurch, dass der additive Prädiktor den linearen Prädiktor ersetzt. Um β_0 sowie die glatten Funktionen $f_j(x_j)$ in einem GAM zu schätzen, benötigt man einen Algorithmus, der in der Lage ist, ein gewichtetes additives Modell anzupassen. Um dies zu bewerkstelligen, wird nachfolgend der Local Scoring Algorithmus vorgestellt (vgl. Hastie et al. (1990), S. 137ff.).

3.6.2 Local Scoring Algorithmus

Die Schätzung des GAM erfolgt, anders als im additiven Modell, nicht durch den Backfitting-Algorithmus, sondern durch den sogenannten Local Scoring Algorithmus. Dieser minimiert ebenfalls das penalisierte KQ-Kriterium. Wichtige Komponenten des Local Scoring Algorithmus basieren auf der Linkfunktion, die wiederrum vom Verteilungstyp abhängt.

Algorithmus 3.2. (Local Scoring):

(i)   Initialisierung: $\beta_0 = g\left(\sum_{i=1}^{n} y_i / n\right)$; $f_1^0 = \ldots = f_p^0 = 0$

(ii)   Aktualisierung: Konstruktion einer bereinigten abhängigen Variable

$$z_i = \eta_i^0 + (y_i - \mu_i^0)\left(\frac{\partial \eta_i}{\partial \mu_i}\right)_0$$

mit $\eta_i^0 = \beta_0^0 + \sum_{j=1}^{p} f_j^0(x_{ij})$ und $\mu_i^0 = g^{-1}(\eta_i^0)$.

Konstruktion der Gewichte:

$$w_i = \left(\frac{\partial \mu_i}{\partial \eta_i}\right)_0^2 (V_i^0)^{-1}.$$

Anpassung eines gewichteten additiven Modells an z_i, um die Schätzfunktionen f_j^1, die additiven Prädiktoren η^1 und die angepassten Werte μ_i^1 zu erhalten.

Berechnung des Konvergenzkriteriums:

$$\Delta(\eta^1, \eta^0) = \frac{\sum_{j=1}^{p} \left\| f_j^1 - f_j^0 \right\|}{\sum_{j=1}^{p} \left\| f_j^0 \right\|} \,.$$

Ein natürlicher Kandidat für ‖f‖ ist ‖f‖, dabei ist ‖f‖ die Länge des Vektors der Ergebnisse für f an den n Beobachtungspunkten.

(iii)   Wiederholung von Schritt (ii). Dabei η^0 durch η^1 ersetzen bis $\Delta(\eta^1, \eta^0)$ einen bestimmten Schwellenwert unterschreitet (vgl. Hastie et al (1990), S. 141).

3.6.3   Wahl der Glättungsparameter mittels generalisierter Kreuzvalidierung

Die Wahl der Glättungsparameter $\lambda =(\lambda_1,...,\lambda_p)^T$ erfolgt im GAM mit Hilfe der GCV, des Unbiased Risk Estimator (UBRE) oder mit der Restricted Maximum Likelihood (REML).

Im GAM wird das GCV Kriterium in (3.11) abgewandelt, indem die Residuenquadratsumme aus dem Zähler durch die Devianz ausgetauscht wird.
Somit ergibt sich das modifizierte GCV Kriterium:

$$GCV(\lambda) = \frac{1}{n} \sum_{i=1}^{n} \frac{D(y_i, \hat{\mu}_i)}{(1 - sp(\mathbf{R})/n)^2} \ .$$

Alternativ kann auch das modifizierte AIC

$$AIC = \frac{1}{n} \sum_{i=1}^{n} D(y_i; \hat{\mu}_i) + 2sp(\mathbf{R})\varphi/n$$

eingesetzt werden, (vgl. Hastie et al. (1990), S. 159f.).
Ist der Skalenparameter bekannt, wie bspw. bei der Poisson-Verteilung, dann wird der UBRE

$$UBRE(\lambda) = \|\mathbf{y} - \mathbf{Sy}\|^2/n - \sigma^2 + 2sp(\mathbf{S})\,\sigma^2/n$$

als Auswahlkriterium verwendet (vgl. Wood (2006), S. 172).

Wahlweise kann der REML als Auswahlkriterium für den Glättungsparameter eingesetzt werden. Dabei werden die glatten Komponenten wie zufällige Effekte behandelt, d.h. die λ_i sind Varianzparameter, die durch die Restricted Maximum Likelihood geschätzt werden können (vgl. Wood (2017)).

4 Fallstudie: Kraftfahrzeugversicherung in Australien

Aufbauend auf den in den vorhergegangenen Kapiteln gewonnenen Erkenntnissen, widmet sich dieses Kapitel nun der Analyse der Schadenfrequenz, d.h. der periodenbezogenen Schadenhäufigkeit, die das Verhältnis der Schadenanzahl bezogen auf die Anzahl der Versicherungsverträge im betrachteten Bestand ausdrückt. Sie ist ein wichtiger Indikator für den Schadenbedarf und somit auch unerlässlich für die Tarifkalkulation von Kraftfahrzeugversicherungen.

4.1 Datengrundlage und Modellbeschreibung

Der in dieser Arbeit verwendete Datensatz *Third Party Claims* wurde von der Macquarie Universität in Sydney vom Fachbereich für angewandte Finanzwirtschaft und versicherungsmathematische Studien zur Verfügung gestellt und wurde von De Jong und Heller im Jahr 2008 beispielhaft in ihrem Buch *Generalized Linear Models for Insurance Data* zur Anwendung gebracht. Dieser Datensatz enthält die Anzahl an Schadensansprüchen von Dritten für 176 verschiedene Regionen gegenüber einem australischen Versicherungsunternehmen in New South Wales. Die Daten wurden zwischen 1984 und 1986 gesammelt und beziehen sich auf einen Zeitraum von zwölf Monaten.[8]

Im Folgenden werden zwei univariate GLM's und GAM's mit der metrischen, erklärenden Variable ACCIDENTS betrachtet. Da es sich bei der Zielvariable CLAIMS um eine Zählvariable handelt, wird ihr sowohl eine Poisson-Verteilung als auch eine NB-Verteilung zugrunde gelegt. Die Populationsdichte ist ein Gewichtungsfaktor, der als Offset-Variable in das Modell integriert wird.

Die nachfolgende Tabelle liefert eine Variablenübersicht.

Bezeichnung	Variable	Erläuterung
y	CLAIMS	Schadenzahl
x	ACCIDENTS	Unfallzahl
w	POPULATION	Einwohnerzahl

Tab. 4.1: Variablenübersicht

Im Folgenden wird die Datenstruktur Graphisch betrachtet.

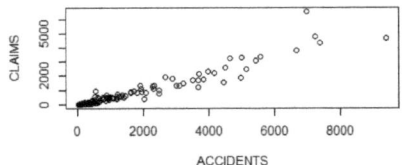 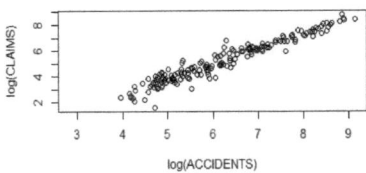

Abb. 4.1: Streudiagramm von ACCIDENTS und CLAIMS in einfacher und in logarithmierter Form

---

[8] Der Datensatz ist aufzufinden unter: http://www.businessandeconomics.mq.edu.au/our_departments/Applied_Finance_and_Actuarial_Studies/research/books/GLMsforInsuranceData/data_sets.

Das linke Streudiagramm in Abbildung 4.1. zeigt die Schadenzahl in Abhängigkeit von der Unfallzahl in einfacher und das rechte Streudiagramm in logarithmierter Form. Während das linke Streudiagramm mit der untransformierten Variable ACCIDENTS einen stark heteroskedastischen Verlauf impliziert, zeigt das rechte Streudiagramm, dass die logarithmische Transformation sowohl die Varianz von y stabilisiert als auch die Beziehung zu x linearisiert (vgl. Jong et al. (2008), S. 49f.).

4.2 Schadenfrequenzanalyse mit Hilfe der GLM's

Ziel dieses Abschnitts soll es sein, ein geeignetes GLM für die Analyse der jährlichen Schadenfrequenz eines australischen Versicherungsunternehmens zu bestimmen.
Ist die Zielvariable eine Zählvariable, dann wird, wie schon in Abschnitt 2.2.2 erläutert wurde, eine Poisson-Verteilung unterstellt. Die Schadenfrequenz ist eine Zählvariable und wird hier über die Schadenanzahl modelliert. Es wird nun zunächst die Schadenfrequenz als Poisson-Modell mit einer logarithmischen Linkfunktion, wie in (2.8), modelliert. Dabei wird der Regressor ACCIDENTS zuvor transformiert, um, wie in Abbildung 4.1. zu sehen ist, die Modellannahmen bezüglich der linearen Beziehung zwischen y und x sicherzustellen und um die Homoskedastizität und Normalität von ε zu gewährleisten.

4.2.1 Poisson-verteiltes GLM

Modellanpassung

Im ersten Schritt wird ein Log-lineares Poisson-Modell (2.8) an die Daten des Datensatzes *Third Party Claims* angepasst. Daraus ergibt sich folgende Funktion:

$$\log(\text{CLAIMS}_i) = \log(\text{POPULATION}_i) + \beta_0 + \beta_1 \log(\text{ACCIDENTS}_i). \tag{4.1}$$

Unter Einsatz der Statistiksoftware R wird nachfolgender Output generiert:

```
call:
glm(formula = CLAIMS ~ log(ACCIDENTS), family = poisson(link = "log"),
    data = Third_Party_Claims, offset = (log(POPULATION)))

Deviance Residuals:
    Min       1Q   Median       3Q      Max
-38.957   -3.551    0.116    3.842   45.965

coefficients:
               Estimate Std. Error z value Pr(>|z|)
(intercept)    -7.093809   0.026992 -262.81  <2e-16 ***
log(ACCIDENTS)  0.259103   0.003376   76.75  <2e-16 ***
---
signif. codes:  0 '***' 0.001 '**' 0.01 '*' 0.05 '.' 0.1 ' ' 1

(Dispersion parameter for poisson family taken to be 1)

    Null deviance: 22393  on 175  degrees of freedom
Residual deviance: 15837  on 174  degrees of freedom
AIC: 17066

Number of Fisher Scoring iterations: 4
```

Abb.4.2: R Output für das GLM.Poisson

Hierbei wird das verwendete Modell nochmals angegeben. Ebenfalls zu sehen sind die Devianz-Residuen: Minimum, Maximum, Median und die Quartile. Zudem sind die geschätzten Koeffizienten $\hat{\beta}$, der Wert für den Dispersionsparameter, die Null- und Residuen-Devianz und der AIC-Wert abgebildet.

Modelldiagnose und -interpretation

In Abbildung 4.2. ist zu erkennen, dass das Log-lineare Poisson-Modell *GLM.Poisson* eine Devianz von 15837 bei nur 174 Freiheitsgraden besitzt. Dadurch weist das Modell eine starke Überdispersion auf, was für eine schlechte Anpassungsgüte des Modells spricht.

Der Signifikanz-Code von log(ACCIDENTS) sagt aus, dass dessen Koeffizient einen großen Einfluss auf log(CLAIMS$_i$) hat. Die Unfallzahl scheint die Schadenzahl positiv zu beeinflussen, was an dem positiven Vorzeichen des Koeffizienten $\hat{\beta}_1$ zu erkennen ist.

Die Residualplots in Abbildung 4.3. zeigen weitere Qualitätsmerkmale, die zusätzliche Aufschlüsse über die Modellqualität liefern.

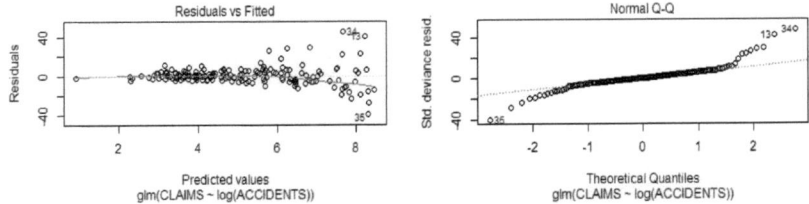

Abb. 4.3: Devianz-Residuen vs. Predicted Values und Normal QQ-Plot für das GLM.Poisson

In der linken Abbildung sind die angepassten Werte $\log(\hat{y}_i) = \log(w_i) + \hat{\beta}_0 + \hat{\beta}_1 x_i$ gegen die entsprechenden Devianz-Residuen r_i^D geplottet. Es sind weder Muster noch Trends zu erkennen. Die Variabilität in den Devianz-Residuen nimmt jedoch stetig zu. Dies deutet darauf hin, dass die Varianzfunktion der Poisson-Verteilung (2.5) nicht gut zu den Daten passt.

Die rechte Abbildung zeigt einen Normal QQ-Plot. Der Verlauf sollte bei normalverteilten Residuen linear sein. Dies ist hier nicht der Fall, was ein Hinweis darauf gibt, dass die standardisierten Devianz-Residuen nicht normalverteilt sind. In beiden Abbildungen fallen die Beobachtungen y_{13}, y_{34} und y_{35} als extrem auf und sollten genauer untersucht und ggf. als Ausreißer bewertet und gegebenenfalls nicht in die Analyse miteinbezogen werden.

Für das Modell *GLM.Poisson* liefert R die folgende Funktion:

$$\hat{y} = w \, e^{-7{,}093809 + 0{,}259103\log(x)}.$$

Steigt die Unfallzahl (ACCIDENTS) um 10%, dann erhöht sich die geschätzte Schadenfrequenz $\hat{y}/w$ um 2,5%. Die Erhöhung der geschätzten Schadenfrequenz berechnet sich wie folgt:

$$\frac{\hat{y}}{w} = e^{-7{,}093809 + 0{,}259103\log(1{,}1x)}$$

$$e^{0{,}259103\log(x)} = x^{0{,}259103} = 1{,}1^{0{,}259103} \approx 1{,}025.$$

Zwischenfazit

Aufgrund der hohen Abweichung von Varianz und Erwartungswert und der daraus resultierenden Überdispersion werden die Daten durch das Poisson-Modell nicht gut beschrieben. Das Negativ-Binomial-Modell (NB-Modell), ist ein Alternativmodell für Zähldaten, welches dem Poisson-Modell im Fall von Überdispersion vorzuziehen ist.

4.2.2 NB-verteiltes GLM

Modellanpassung

Nun wird ein NB-Modell an die Daten des Datensatzes *Third Party Claims* angepasst. Für eine NB-verteilte Zufallsvariable liefert R folgenden Output:

```
call:
glm.nb(formula = CLAIMS ~ log(ACCIDENTS) + offset(log(POPULATION)),
       init.theta = 5.830937458, link = log)

Deviance Residuals:
   Min      1Q   Median      3Q      Max
-3.5448  -0.8172  -0.1964   0.4260   3.7295

coefficients:
                Estimate Std. Error z value Pr(>|z|)
(Intercept)     -6.95443    0.15837  -43.91   <2e-16 ***
log(ACCIDENTS)   0.25389    0.02472   10.27   <2e-16 ***
---
Signif. codes:  0 '***' 0.001 '**' 0.01 '*' 0.05 '.' 0.1 ' ' 1

(Dispersion parameter for Negative Binomial(5.8309) family taken to be 1)

    Null deviance: 298.16  on 175  degrees of freedom
Residual deviance: 192.33  on 174  degrees of freedom
AIC: 2041.3
```
Abb. 4.4: R Output für das GLM.NB

Auch hier werden die Devianz-Residuen, die geschätzten Koeffizienten $\hat{\beta}$, der Wert für den Dispersionsparameter, die Null- und Residuen-Devianz und den AIC-Wert abgebildet.

Modelldiagnose und -interpretation

Mit einer Devianz von 192,3 bei 174 Freiheitsgraden ist das NB-Modell *GLM.NB* eine deutliche Verbesserung zum Poisson-Modell. Dieses Modell besitzt nur eine sehr geringe Überdispersion. Auch hier ist der Koeffizient $\hat{\beta}_1$ hoch signifikant und hat einen positiven Einfluss auf die Schadenzahl.

Die Qualität der Modellanpassung lässt sich anhand der Residualstreuung beurteilen.

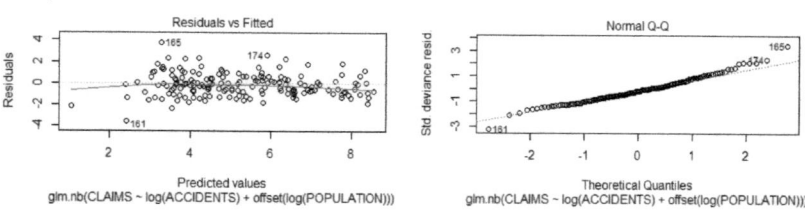

Abb. 4.5: Devianz-Residuen vs. Predicted Values und Normal QQ-Plot für das GLM.NB

In der linken Abbildung sind weder Muster noch Trends zu erkennen, die Residuen streuen gleichmäßig um Null und auch die Variabilität in den Devianz-Residuen bleibt weitestgehend konstant. Das spricht dafür, dass die NB-Verteilung die zugrundeliegenden Daten gut beschreibt. Der Normal QQ-Plot in der rechten Abbildung zeigt, dass bis auf die drei Beobachtungen y_{161}, y_{165} und y_{174} alle Punkte annähernd auf der Geraden liegen und somit einen linearen Verlauf zeigen. Auch in diesem Modell tauchen drei Extremwerte y_{161}, y_{165} und y_{174} auf, die genauer untersucht werden und ggf. aus der Analyse ausgeschlossen werden müssen.

24

Für das Modell *GLM.NB* wird mit Hilfe von R die folgende Funktion generiert:

$$\hat{y} = w \; e^{-6,95443+0,25389\log(x)}.$$

Steigt die Unfallzahl (ACCIDENTS) um 10%, dann erhöht sich die geschätzte Schadenfrequenz $\hat{y}/w$ um 2,4%. Die Erhöhung der geschätzten Schadenfrequenz berechnet sich wie folgt:

$$\frac{\hat{y}}{w} = e^{-6,95443+0,25389\log(1,1x)}$$

$$e^{0,25389\log(x)} = x^{0,25389} = 1,1^{0,25389} \approx 1,024.$$

Zwischenfazit

Es wird deutlich, dass sich der geschätzte Koeffizient $\hat{\beta}_1$ des *GLM.NB* nicht wesentlich von dem des *GLM.Poisson* unterscheidet, d.h. dass der Einfluss von log(ACCIDENTS) auf log(CLAIMS) in beiden Modellen nahezu identisch ist. Dennoch ist das Modell *GLM.NB* aufgrund seiner viel geringeren Devianz, seiner geringeren Überdispersion und seines geringeren AIC Wertes gegenüber dem *GLM.Poisson* zu bevorzugen.

4.3 Schadenfrequenzanalyse mit Hilfe der GAM's

GAM's sind GLM's, bei denen die Zielvariable von glatten Funktionen metrischer Regressoren abhängt. Sie sind so konzipiert, dass sie die Stärken von GLM's nutzen können, ohne die problematischen Schritte einer a priori Schätzung der Kurvenform oder einer spezifischen parametrischen Responsefunktion zu erfordern. Sie verwenden Gleichungen namens Smoother oder Scatterplot-Smoother mit denen sie versuchen die Daten als glatte Kurven zu modellieren.

4.3.1 Poisson-verteiltes GAM

Modellanpassung

Nun wird ein GAM an die Daten angepasst. Eine allgemeine Schreibweise für ein GAM ist zu sehen in Gleichung (3.1). Für die Zielvariable CLAIMS wird die Poisson-Verteilung angenommen und wird über die kanonische Linkfunktion $g(\mu_i) = \log(\mu_i)$, unter Berücksichtigung der Offset-Variable POPULATION, mit dem Regressor ACCIDENTS verbunden. Durch die Anwendung des GAM auf die Daten aus dem Datensatz *Third Party Claims* ergibt sich das folgende Modell:

$$\log(CLAIMS_i) = \log(POPULATION_i) + \beta_0 + f_1(ACCIDENTS_i).$$

R liefert folgenden Output:

```
Family: poisson
Link function: log

Formula:
CLAIMS ~ s(ACCIDENTS, bs = "cr")

Parametric coefficients:
             Estimate Std. Error z value Pr(>|z|)
(Intercept) -5.457509   0.009224  -591.6   <2e-16 ***
---
Signif. codes:  0 '***' 0.001 '**' 0.01 '*' 0.05 '.' 0.1 ' ' 1

Approximate significance of smooth terms:
               edf Ref.df Chi.sq p-value
s(ACCIDENTS) 8.658  8.918  13197  <2e-16 ***
---
Signif. codes:  0 '***' 0.001 '**' 0.01 '*' 0.05 '.' 0.1 ' ' 1

R-sq.(adj) =  0.883   Deviance explained = 50.9%
UBRE = 61.558  Scale est. = 1        n = 176
```

Abb. 4.6: R Output für das GAM.Poisson

Modelldiagnose und -interpretation

Der einzige sichtbare Koeffizient des Modells *GAM.Poisson*, ist der geschätzte Koeffizient $\hat{\beta}_0$ in Höhe von -5,458. Der Wert für $f_1(ACCIDENTS_i)$ ist in den Smoothern verborgen und weitestgehend nicht interpretierbar. Bei dem hier verwendeten univariaten Glättungsverfahren handelt es sich um die kubischen Regressions-Splines, d.h. Grad $l = 3$ mit 10 inneren äquidistanten Knoten. Der geringe p-Wert lässt auf eine sehr hohe Signifikanz der Funktion f_1 schließen. Das adjustierte Bestimmtheitsmaß (adj. R^2) beträgt 88,3% und ist damit relativ hoch, jedoch ist die erklärte Devianz mit 50,9% um einiges geringer, d.h. knapp die Hälfte der Streuung kann nicht durch das Modell erklärt werden. Der Skalenparameter „Scale est. = 1" ist üblich für Poisson-verteilte Zielvariablen und hat zur Folge, dass anstelle der GCV der UBRE als Auswahlkriterium für den Glättungsparameter verwendet wird. Das geschätzte GAM mit Poisson-verteilter Zielvariable ist in Abbildung 4.7 dargestellt.

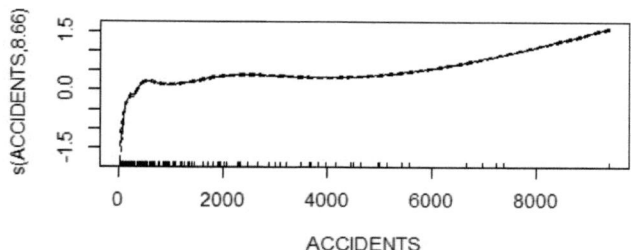

Abb. 4.7: Geschätzter Smoother für das GAM.Poisson

Die durchgezogene Linie in Abbildung 4.7 zeigt die vorhergesagte Entwicklung der Zielvariablen CLAIMS als Funktion des Regressors ACCIDENTS. Sie wird als glatte Funktion dargestellt. Die Konfidenzbänder liegen sehr nah an der glatten Funktion und sind in dieser Abbildung nur schwer zu erkennen. Die auf der x-Achse abgetragenen Striche sind die aus dem Datensatz entnommenen Beobachtungswerte für ACCIDENTS. Der Verlauf der Funktion in Abbildung 4.7 zeigt, dass ACCIDENTS im Intervall von ca. [0;500] einen sehr stark positiven

Einfluss auf die Zielvariable haben, während sich der Effekt für x > 500 auf einem relativ konstanten Niveau hält und nur schwach ansteigt.

Da die Residuen einen großen Aufschluss über die Modellqualität liefern, werden diese nun betrachtet. Mit dem Befehl gam.check() können in R Residuendiagramme ausgegeben werden, die zur Bewertung der Modellqualität beitragen. Diese sind in Abbildung 4.8 zu finden. Für die GAM's wird analog zum linearen Regressionsmodell die Normalität der Residuen sowie Varianzhomogenität unterstellt. Mit den Graphiken in Abbildung 4.8 wird also die Annahme normalverteilter und Varianzhomogener Residuen überprüft.

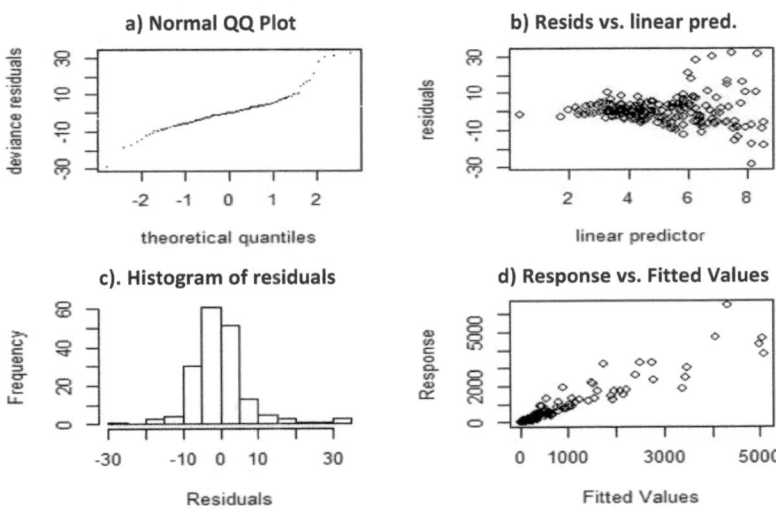

Abb. 4.8: a) Graphische Darstellung des Normal QQ Plot, b) der Residuals vs. linear predictors, c) des Histogram of residuals und d) der Response vs. Fitted Values für das GAM.Poisson

Abbildung 4.8 a) und c) kontrollieren anhand der Residuen ob die Normalverteilungsannahme erfüllt ist. Werden die Devianz-Residuen in Abbildung 4.8 a) betrachtet, so fällt auf, dass die Verteilung der Residuen im Vergleich zur Normalverteilung im unteren und oberen Bereich zu stark gekrümmt ist, denn im Fall einer Normalverteilung müssen die Residuen alle auf einer Diagonalen liegen. Abbildung 4.8 c) verdeutlicht, dass das *Histogram of residuals* im Gegensatz zur Normalverteilung eine spitze Verteilung mit einem positiven Exzess (Kurtosis) besitzt. Diese besitzt damit mehr Beobachtungen an den Enden der Verteilung als für eine Normalverteilung üblich ist. Abbildung 4.8 b) überprüft die Linearitätsannahme und die Homoskedastizität. Die Residuen sollen im Idealfall zufällig streuen und es sollen keine Muster erkennbar sein. Der Residualplot des linearen Prädiktors gegen die Residuen in Abbildung 4.8 b) zeigt, dass die Streuung für große Werte höher ist als für kleine. Die Annahme der Homoskedastizität ist daher nicht erfüllt. Dennoch streuen die Residuen gut um die Null. Dies signalisiert, dass sich die Schwankungen der Residuen im Mittel ausgleichen und somit die Linearitätsannahme erfüllt wird.

Zwischenfazit

Das *GAM.Poisson* weist eine befriedigende Modellgüte auf, obwohl es nicht, wie bei Modellen für Zähldaten üblich, die Annahme der Varianzhomogenität erfüllt und demnach unter Überdispersion leidet.

4.3.2 NB-verteiltes GAM

Modellanpassung

Um der Überdispersion Rechnung zu tragen wird nun statt eines Poisson-verteilten GAM ein NB-verteiltes GAM untersucht. Für das NB-verteilte GAM mit logarithmierter Linkfunktion ergibt sich nachfolgender R Output:

```
Family: Negative Binomial(6.03)
Link function: log

Formula:
CLAIMS ~ s(ACCIDENTS, bs = "cr")

Parametric coefficients:
             Estimate Std. Error z value Pr(>|z|)
(Intercept) -5.38978    0.03193  -168.8   <2e-16 ***
---
Signif. codes:  0 '***' 0.001 '**' 0.01 '*' 0.05 '.' 0.1 ' ' 1

Approximate significance of smooth terms:
              edf Ref.df Chi.sq p-value
s(ACCIDENTS) 4.985  5.488  108.6  <2e-16 ***
---
Signif. codes:  0 '***' 0.001 '**' 0.01 '*' 0.05 '.' 0.1 ' ' 1

R-sq.(adj) =   0.88   Deviance explained = 92.5%
-REML = 1026.7  Scale est. = 1        n = 176
```

Abb. 4.9: R Output für das GAM.NB

Modelldiagnose und –interpretation

Auf den ersten Blick wird durch das *GAM.NB* eine gute Modellqualität erreicht.
Das adj. R^2 liegt bei 88%. Hier ist noch keine Verbesserung zum *GAM.Poisson* zu sehen. Die erklärte Devianz beträgt nun 92,5%, d.h. der Großteil der Streuung kann über das *GAM.NB* erklärt werden. Als Auswahlkriterium für den Glättungsparameter wurde in R der REML festgelegt. Abbildung 4.9 zeigt den Verlauf des Modells *GAM.NB*:

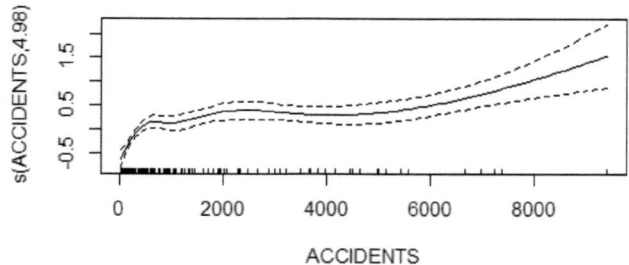

Abb. 4.10: Geschätzter Smoother für das GAM.NB

28

Der Funktionsverlauf ähnelt stark der Funktion in Abbildung 4.7. In Abbildung 4.10 sind die Konfidenzbänder jedoch besser zu sehen, d.h. an ihnen lässt sich die Beobachtungsdichte erkennen. Je weniger Beobachtungen existieren, desto höher ist die Standardabweichung des Schätzers und die Breite der Konfidenzbänder.

Auch im NB-verteilten GAM werden die Residuendiagramme zur Bewertung der Modellqualität herangezogen. Diese sind in Abbildung 4.11 zu sehen.

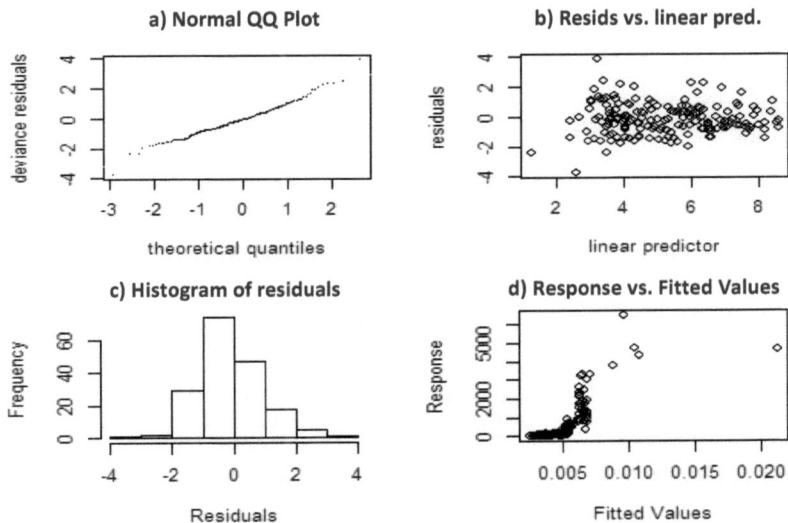

Abb. 4.11: a) Graphische Darstellung des Normal QQ Plot, b) der Residuals vs. linear predictors, c) des Histogram of residuals und d) der Response vs. Fitted Values für das GAM.NB

Die Residualanalyse bestätigt die Verbesserung der Modellqualität. Verletzungen der Normalverteilungsannahme, der Linearitätsannahme und der Annahme auf Varianzhomogenität sind kaum erkennbar. Im *Normal QQ Plot* in Abbildung 4.11 a) liegen die Residuen fast ausschließlich auf einer Diagonalen. Das suggeriert, dass die Normalverteilungsannahme erfüllt ist. Das *Histogram of residuals* in Abbildung 4.11 c) weist keine besondere Schiefe oder Wölbung auf und kommt daher einer Normalverteilung sehr nah. Die Residuen im Residualplot in Abbildung 4.11 b) lassen darauf schließen, dass sowohl die Linearitätsannahme als auch die Annahme der Varianzhomogenität erfüllt ist, da die Residuen fast ausschließlich zufällig und ohne erkennbare Muster um die Null streuen. Beim Vergleich der geschätzten und beobachteten Werte in Abbildung 4.11 d) erkennt man, dass sich die meisten Werte unten rechts in der Winkelhalbierenden befinden, was für eine gute Modellqualität spricht.

Zwischenfazit

Äquivalent zum GLM wird die Modellqualität des GAM bei Zugrundelegung der NB-Verteilung anstelle der Poisson-Verteilung verbessert.

29

4.4 Gegenüberstellung der Ergebnisse

In den vorherigen Abschnitten wurden die Daten des Datensatzes *Third Party Claims* durch das Poisson- und das NB-verteilte GLM sowie durch das ebenfalls Poisson- und NB-verteilte GAM modelliert. Nun soll die Frage geklärt werden, welches dieser Modelle die beste Modellschätzung und damit die beste Prognose für die erwartete Schadenfrequenz liefert. Dies geschieht im Folgenden durch die Gegenüberstellung der Devianzen.

Modell	Residuen-Devianz	Residuen-Freiheitsgrade	Δ df	Δ Devianz
GLM.Poisson	15.836,7	174	-	-
GLM.NB	192,3	174	0	15.644,4
GAM.Poisson	10.991,0	166,34	-	-
GAM.NB	188,1	170,02	3,68	10.802,9

Tab. 4.2: Gegenüberstellung der Residuen-Devianz und Residuen-Freiheitsgrade aller betrachteten Modelle

Anhand der Werte in Tabelle 4.2 können deutliche Aussagen über die Modellqualität der betrachteten Funktionen getroffen werden. In Tabelle 4.2 wurden die Residuen-Devianz und -Freiheitsgrade für alle Modelle mittels Varianzanalyse, der Analysis of Variance (ANOVA), in R über die Funktion anova() ermittelt.[9]
Im Vergleich zum *GLM.Poisson*, hat das *GLM.NB* eine um ca. 15.644 geringere Residuen-Devianz bei der gleichen Anzahl an Freiheitsgraden. Damit ist das *GLM.NB* die bessere Modellschätzung und ist dem *GLM.Poisson* vorzuziehen. Werden beide GAM's gegenübergestellt, so wird erkennbar, dass das *GAM.NB* eine um ca. 10.803 geringere Devianz aufweist als das *GAM.Poisson*, während ihre Freiheitsgrade gleichzeitig die des *GAM.Poisson* um 3,68 übersteigen. Nun werden die beiden priorisierten Modelle nochmals betrachtet, um eine endgültige Entscheidung für das Modell mit der besten Modellqualität treffen zu können.

Modell	Residuen-Devianz	Residuen-Freiheitsgrade	Δ Df	Δ Devianz
GLM.NB	192,3	174	-	-
GAM.NB	188,1	170,02	-3,98	4,2

Tab. 4.3: Gegenüberstellung der Residuen-Devianz und Residuen-Freiheitsgrade von GLM.NB und GAM.NB

Während die Verbesserung der Modellgüte durch das *GAM.Poisson* im Vergleich zum *GLM.Poisson* sehr deutlich durch eine Reduktion der Residuen-Devianz i.H.v. 4.845,7 bei einer Reduktion der Freiheitsgrade um 7,66,[10] zu sehen ist, sind *GLM.NB* und *GAM.NB*, wie aus Tabelle 4.3 ersichtlich wird, bezüglich der Anpassungsgüte des Modells nahezu äquivalent. Das *GAM.NB* erzielt eine um 4,2 geringere Residuen-Devianz, jedoch auf Kosten von 3,98 Freiheitsgraden. Im Hinblick auf die Reduktion der Devianz ist der Verlust der Freiheitsgrade beträchtlich.

---

[9] Der R-Output der Funktion anova() ist im Anhang A zu finden.
[10] Reduktion der Residuen-Devianz: 15.836,7-10.991 = 4.845,7 ; Reduktion der Freiheitsgrade: 174-166,34 = 7,66.

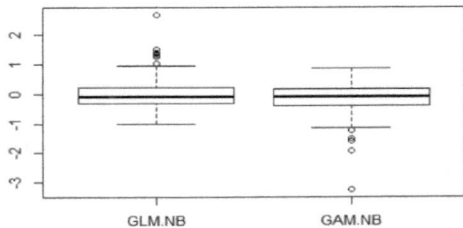

Abb. 4.12: Lage und Streuung der Residuen des GLM.NB und des GAM.NB in Form von Boxplots

In Abbildung 4.12 sind die Verteilungen der Residuen von *GLM.NB* und *GAM.NB* graphisch in Form von Boxplots abgebildet. Sowohl der Interquartilsabstand als auch die Länge der Whisker scheinen bei beiden Modellen nahezu identisch ausgeprägt zu sein. Der Median liegt in beiden Modellen in etwa bei null. Auch Extremwerte, die sich in unterschiedliche Richtungen bewegen, sind in beiden Modellen zu verzeichnen, wobei die Anzahl der Ausreißer im *GAM.NB* etwas geringer ist.

Das AIC ist ein weiterer Ansatz für den Modellvergleich. Hierfür liefert R über den Befehl `AIC()` folgenden Output:

```
              df        AIC
GLM.NB  3.00000  2041.255
GAM.NB  7.48811  2040.466
```

Abb. 4.13: Degrees of freedom und AIC-Werte für GLM.NB und GAM.NB

Das *GLM.NB* besitzt ein AIC i.H.v. 2041,26, während das AIC für das *GAM.NB* mit 2040,47 unwesentlich geringer ausfällt. Die Frage, ob das *GLM.NB* oder das *GAM.NB* für die Analyse der Schadenfrequenz besser geeignet ist, lässt sich anhand der betrachteten Modellgütekriterien nicht mit Bestimmtheit beantworten, da beide Modelle eine vergleichbare Modellqualität aufweisen und damit eine nahezu identisch gute Prognose liefern.

Da das GLM und das GAM eine fast identische Modellqualität aufweisen, das GLM jedoch einfacher zu berechnen ist, seine geschätzten Parameter leichter zu interpretieren sind und es, im Gegensatz zum GAM, nicht nur graphisch interpretiert werden kann, sondern auch parametrische Gleichungen für seine Ergebnisse hervorbringt, ist das GLM in diesem Fall am besten zur Modellierung der Schadenfrequenz geeignet.

5 Fazit

Der Schwerpunkt dieser Arbeit liegt im Vergleich zwischen den GLM's und den GAM's, die auf einen Datensatz aus der Kraftfahrzeugversicherung angewendet werden. Dabei wird ganz speziell die Schadenfrequenz als zu erklärende Zielgröße betrachtet. Die Schadenfrequenz ist i.d.R. rechtsschief verteilt und nimmt nur positive Werte an. Die Anwendung des linearen Modells ist zur Modellierung der Schadenfrequenz ungeeignet, da es negative Werte zulässt und unterstellt, dass die Zielvariable der Normalverteilung folgt. Daher wird das lineare Modell zum GLM erweitert, denn es erlaubt der Zielvariablen eine beliebige Verteilung aus der EDF anzunehmen.

In Abschnitt 4.2.1 ist zu sehen, dass ein Nachteil der GLM's darin besteht, dass sie sehr ungenaue Schätzungen liefern, wenn die zugrunde gelegte Verteilung nicht zu den Daten passt.

Ist wenig über die funktionale Form und die Art der Verteilung bekannt, so können GAM's als Erweiterungen der GLM's angewendet werden. Sie lockern die Annahme der Linearität zwischen Zielvariable und Regressor, indem sie die metrischen Kovariablen durch glatte Funktionen schätzen. Damit vermeiden sie das potentielle Problem einer Fehlspezifikation des Modells. Das macht sie zu den flexibleren, aber auch komplexeren Modellen.

Im vierten Abschnitt werden sowohl zwei GLM's als auch zwei GAM's betrachtet. Da es sich bei der Zielvariable um eine Zählvariable handelt, wird zunächst eine Poisson-Verteilung angenommen, die über einen Log-Link mit dem Regressor verbunden wird. Bei einer Poisson-Verteilung wird die Annahme getroffen, dass die Varianz der Zielvariablen ihrem Erwartungswert entspricht. Dies stellt sich in diesem Fall jedoch als problematisch heraus, da die Varianz des *GLM.Poisson* ihren Erwartungswert deutlich übersteigt. Dieses verursacht eine Überdispersion. Diese hat zwar keinen Einfluss auf die Schätzung der Koeffizienten β, dafür aber Auswirkungen auf die Inferenzstatistik und damit auf die Beurteilung der Signifikanz der Regressoren.

Verglichen mit dem *GLM.Poisson* hat das *GAM.Poisson* eine deutlich geringere Residuen-Devianz und damit eine bessere Modellqualität. Nichtsdestotrotz ist die Differenz zwischen Erwartungswert und Varianz in beiden Modellen mit Poisson-verteilter Zielvariable sehr groß. Um die beachtliche Überdispersion zu reduzieren, wird für das GLM und das GAM eine NB-Verteilung angenommen, da dadurch die strikte Voraussetzung E[y] = Var[y] aufgehoben wird. Durch eine deutliche Reduktion der Devianz führt die NB-Verteilungsannahme zu einer großen Verbesserung der Modellgüte in beiden Modellen. Beide Modelle erfüllen somit die Gütekriterien eines gut angepassten Modells.

Bei dem Vergleich der GLM's und GAM's mit Hilfe der ANOVA ist Vorsicht geboten, da hier der Vergleich der Devianzen i.d.R. nur bei verschachtelten (nested) Modellen valide Ergebnisse hervorbringt. Das GLM und das GAM sind zwar unverschachtelte (non-nested) Modelle, können aber, da sie an denselben Datensatz angepasst worden sind, zumindest heuristisch miteinander verglichen werden. Im Gegensatz zur ANOVA erfordert der Modellvergleich mittels AIC nicht, dass die Modelle verschachtelt sein müssen.

Der Vergleich der Devianzen und der AIC-Werte sowie die Betrachtung der Boxplots der Residuen von *GLM.NB* und *GAM.NB* lassen darauf schließen, dass beide NB-verteilten Modelle eine ähnliche Modellgüte aufweisen. Auf der Suche nach dem besten Modell zur Modellierung der Schadenfrequenz lässt sich Einsteins Zitat „*Ein Modell sollte so einfach wie möglich sein, aber nicht einfacher*" anführen, denn allgemein gilt, dass bei ähnlicher Modellgüte, stets das einfachere Modell, in diesem Fall das *GLM.NB*, zu bevorzugen ist.

6 Anhang

Angewendete Befehle in R

Für den praktischen Teil dieser Arbeit wurde die Statistiksoftware R mit der Version 3.3.1 installiert. Dabei ist hauptsächlich mit der für die statistische Programmiersprache R integrierten Entwicklungsumgebung RStudio gearbeitet worden. Die verwendete Version von RStudio ist 1.0.136.

Die Statistiksoftware R stellt verschiedene Pakete zur Implementierung von GAM's zur Verfügung. In dieser Arbeit wurde mit dem Paket mgcv von Simon Wood gearbeitet.

Nachfolgend sind alle verwendeten Programmiercodes chronologisch aufgelistet.

1. Datensatz wird eingelesen und zur Bearbeitung freigeben:

```
library(readr)

Third_Party_Claims <- read_delim("C:/Users/Anna/Desktop/R-Daten/CaseStudy-T
hird_Party_Claims/Third_Party_Claims.csv", +    ";", escape_double = FALSE
, trim_ws = TRUE)

View(Third_Party_Claims)

attach(Third_Party_Claims)
```

2. Überblick über den Zusammenhang der betrachteten Variablen:

```
plot(ACCIDENTS,CLAIMS)

plot(log(ACCIDENTS),log(CLAIMS))
```

3. *GLM.Poisson* wird geschätzt und betrachtet:

```
GLM.Poisson<-glm(CLAIMS~log(ACCIDENTS),family = poisson(link="log"),data=Th
ird_Party_Claims,offset=(log(POPULATION)))

summary(GLM.Poisson)

plot(GLM.Poisson)
```

4. *GLM.NB* wird geschätzt und betrachtet:

```
library("MASS", lib.loc="C:/Program Files/R/R-3.3.1/library")

GLM.NB<-glm.nb(CLAIMS~log(ACCIDENTS)+offset(log(POPULATION)))

summary(GLM.NB)

plot(GLM.NB)
```

5. *GAM.Poisson* wird geschätzt und betrachtet:

```
library("mgcv", lib.loc="C:/Program Files/R/R-3.3.1/library")

GAM.Poisson<-gam(CLAIMS~s(ACCIDENTS,bs="cr"),family=poisson(link="log"),dat
a=Third_Party_Claims,offset = log(POPULATION))

summary(GAM.Poisson)

plot(GAM.Poisson)

gam.check(GAM.Poisson,rl.col=Null)

Method: UBRE   Optimizer: outer newton
full convergence after 7 iterations.
Gradient range [0.000186884,0.000186884]
(score 61.55847 & scale 1).
Hessian positive definite, eigenvalue range [0.003482457,0.003482457].
Model rank = 10 / 10

Basis dimension (k) checking results. Low p-value (k-index<1) may
indicate that k is too low, especially if edf is close to k'.

              k'  edf k-index p-value
s(ACCIDENTS) 9.00 8.66   1.34       1
```

6. *GAM.NB* wird geschätzt und betrachtet:

```
GAM.NB<-gam(CLAIMS~s(ACCIDENTS,bs="cr"),family=nb(theta = NULL, link = "log
"),data=Third_Party_Claims,offset = log(POPULATION))

summary(GAM.NB)

plot(GAM.NB)

gam.check(GAM.NB,rl.col=Null)

Method: REML   Optimizer: outer newton
full convergence after 5 iterations.
Gradient range [1.506689e-05,0.0003770001]
(score 1026.722 & scale 1).
Hessian positive definite, eigenvalue range [0.7240426,70.73156].
Model rank = 10 / 10

Basis dimension (k) checking results. Low p-value (k-index<1) may
indicate that k is too low, especially if edf is close to k'.

              k'  edf k-index p-value
s(ACCIDENTS) 9.00 4.98   1.08    0.92
```

7. Modellvergleich zwischen *GLM.Poisson* und *GLM.NB*:

```
anova(GLM.Poisson,GLM.NB,test = "Chisq")

Analysis of Deviance Table

Model 1: CLAIMS ~ log(ACCIDENTS)
Model 2: CLAIMS ~ log(ACCIDENTS) + offset(log(POPULATION))
  Resid. Df Resid. Dev Df Deviance Pr(>Chi)
1       174    15836.7
2       174      192.3  0    15644
```

8. Modellvergleich zwischen *GAM.Poisson* und *GAM.NB*:

```
anova(GAM.Poisson,GAM.NB,test = "Chisq")

Analysis of Deviance Table

Model 1: CLAIMS ~ s(ACCIDENTS, bs = "cr")
Model 2: CLAIMS ~ s(ACCIDENTS, bs = "cr")
  Resid. Df Resid. Dev      Df Deviance Pr(>Chi)
1    166.34    10991.0
2    170.02      188.1 -3.6732    10803
```

9. Modellvergleich zwischen *GLM.Poisson* und *GAM.Poisson*:

```
anova(GLM.Poisson,GAM.Poisson,test = "Chisq")

Analysis of Deviance Table

Model 1: CLAIMS ~ log(ACCIDENTS)
Model 2: CLAIMS ~ s(ACCIDENTS, bs = "cr")
  Resid. Df Resid. Dev      Df Deviance Pr(>Chi)
1    174.00      15837
2    166.34      10991 7.6579   4845.8 < 2.2e-16 ***
---
Signif. codes:  0 '***' 0.001 '**' 0.01 '*' 0.05 '.' 0.1 ' ' 1
```

10. Modellvergleich zwischen *GLM.NB* und *GAM.NB*:

```
anova(GAM.NB,GLM.NB,test = "Chisq")

Analysis of Deviance Table

Model 1: CLAIMS ~ s(ACCIDENTS, bs = "cr")
Model 2: CLAIMS ~ log(ACCIDENTS) + offset(log(POPULATION))
  Resid. Df Resid. Dev      Df Deviance Pr(>Chi)
1    170.02     188.14
2    174.00     192.33 -3.9847  -4.1931    0.37
```

11. Direkte Gegenüberstellung der Residualstreuung von *GLM.NB* und *GAM.NB* mit Hilfe vom Boxplots:

```
boxplot(GLM.NB$residuals,GAM.NB$residuals, names=c("GLM.NB","GAM.NB"))
```

7 Literaturverzeichnis

Cornelsen (2011): *Signumfunktion und Integerfunktion*. 2. Auflage. Cornelsen Verlag, Berlin. https://www.cornelsen.de/sites/medienelemente_cms/mel_xslt_gen/progs/medien/mels_stat/m el_152009.pdf. Letzter Zugriff am: 02.03.2017.

Fahrmeir, L. und Tutz, G. (2001): *Multivariate statistical modelling based on generalized linear models*. 2. Auflage. Springer, New York.

Fahrmeir L., Hamerle A. und Tutz G. (1996): *Multivariate statistische Verfahren*. 2. Auflage. Walter de Gruyter, Berlin; New York.

Fahrmeir L., Kneib T. und Lang S. (2009): *Regression: Modelle, Methoden und Anwendungen*. 2. Auflage. Springer, Berlin, Heidelberg.

Fox J. (2016): *Applied regression analysis and generalized linear models*. 3. Auflage. Sage Publ.,Los Angeles.

Goldburd M., Khare A. und Tevet D. (2016): *Generalized Linear Models for Insurance Rating*. Casualty Actuarial Society, Arlington, Virginia.

Hardin J. W. und Hilbe J. M. (2012): *Generalized linear models and extensions*. 3. Auflage. Stata Press, College Station, Tex.

Hastie T. J. und Tibshirani R. J.(1990): *Generalized Additive Models*. Chapman and Hall, London.

Hilbe J. M. (2011): *Negative binomial regrerssion*. 2. Auflage. Cambridge Univ. Press, Cambridge.

Hinde J. und Demetrio C. G.B. (Februar 1998):*Overdispersion: Models and Estimation*. http://pointer.esalq.usp.br/departamentos/lce/arquivos/aulas/2011 /LCE5868/OverdispersionBook.pdf. Letzter Zugriff am 06. Dezember 2016.

Jong P. de und Heller G. Z. (2008): *Generalized Linear Models for Insurance Data*. Cambridge Univ. Press, Cambridge.

Kafková Silvie und Křivánková Lenka (23.Mai 2014): *Generalized Linear Models in Vehicle Insurance*. https://doi.org/10.11118/actaun201462020383. Letzter Zugriff am 01.Dezember 2016.

Kruse O. (1997): *Modelle zur Analyse und Prognose des Schadenbedarfs in der Kraftfahrzeug-Haftpflichtversicherung*. VVW, Karlsruhe.

Lang S. (2004): *Skript zur Vorlesung Computerintensive Verfahren in der Statistik*. München.

McCullagh P. und Nelder J. A. (1989): *Generalized linear models*. 2. Auflage. Chapman & Hall, London.

Ohliger T. (2016): *Berücksichtigung nichtlinearer Zusammenhänge bei der Insolvenzprognose: Eine empirische Untersuchung unter Verwendung Generalisierter Additiver Modelle*. Eul Verlag, Köln.

Ohlsson E. und Johansson B. (2010): *Non-Life Insurance Pricing with Generalized Linear Models*. Springer, Berlin.

Wood S. N.: *Generalized Additive Model Selection*. https://stat.ethz.ch/R-manual/R-devel/library/mgcv/html/gam.selection.html. Zetzter Zugriff am 13. 02 2017.

Wood S. N. (2006): *Generalized Additive Models: An Introduction with R*. Chapman & Hall/CRC, Boca Raton, Florida.